Wissenschaftliche Taschenbücher WTB

Biologie

Eberhard Hofmann

Intermediärstoffwechsel

Dynamische Biochemie Teil III

Akademie-Verlag · Berlin
Pergamon Press · Oxford
Vieweg + Sohn · Braunschweig

J. H. SANDERS
Die Lichtgeschwindigkeit. Einführung und Originaltexte

JEAN KUNTZMANN
Unendliche Reihen
Mathematische Hilfsmittel der Physik und Chemie
Mit 94 Übungen und 29 Aufgaben

JEAN KUNTZMANN
Systeme von Differentialgleichungen
Mathematische Hilfsmittel der Physik und Chemie
Mit 88 Übungen und 40 Aufgaben

JEAN KUNTZMANN
Komplexe Veränderliche
Mathematische Hilfsmittel der Physik und Chemie
Mit 90 Übungen und 37 Aufgaben

FERDINAND CAP
Einführung in die Plasmaphysik
I. Theoretische Grundlagen
— insgesamt 3 Bände —

J. A. ROSANOW
Wahrscheinlichkeitstheorie

HARRY PFEIFER
Theorie linearer Bauelemente
Elektronik für den Physiker I

HARRY PFEIFER
Die Elektronenröhre
Elektronik für den Physiker II

HARRY PFEIFER
Schaltungen mit Elektronenröhren
Elektronik für den Physiker III

HARRY PFEIFER
Leitungen und Antennen
Elektronik für den Physiker IV

HARRY PFEIFER
Mikrowellenelektronik
Elektronik für den Physiker V

HARRY PFEIFER
Halbleiterelektronik
Elektronik für den Physiker VI

SIEGFRIED HAUPTMANN
Über den Ablauf organisch-chemischer Reaktionen

GERHARD HÜBNER / KLAUS JUNG / ECKART WINKLER
Die Rolle des Wassers in biologischen Systemen

STEPHEN G. BRUSH
Kinetische Theorie, Teil I und II

EBERHARD HOFMANN
Enzyme und energieliefernde Stoffwechselreaktionen
Dynamische Biochemie, Teil II

HERBERT GOERING
Elementare Methoden zur Lösung von Differentialgleichungsproblemen

PETER KRUMBIEGEL
Isotopieeffekte

D. M. BRINK
Kernkräfte. Einführung und Originaltexte

DIETER ONKEN
Steroide
Zur Chemie und Anwendung

HEINZ GEILER
Ökologie der Land- und Süßwassertiere

ARTHUR P. CRACKNELL
Angewandte Gruppentheorie
Einführung und Originaltexte

DIETER KLAUA
Elementare Axiome der Mengenlehre

J. F. VINSON
Optische Kohärenz in der klassischen Theorie und in der Quantentheorie

EBERHARD HOFMANN
Intermediärstoffwechsel
Dynamische Biochemie, Teil III

Vorschau auf die nächsten Bände:

GÜNTER TEMBROCK
Grundlagen der Tierpsychologie

W. R. HINDMARSH
Atomspektren

GÜNTER TEMBROCK
Biokommunikation
Informationsübertragung im biologischen Bereich
Teil I und II

ADOLF ZSCHUNKE
Kernmagnetische Resonanzspektroskopie in der organischen Chemie

DIETER MERKEL
Riechstoffe

JOHN CUNNINGHAM
Vektoren

FERDINAND CAP
Einführung in die Plasmaphysik
III. Magnetohydrodynamik

EBERHARD HOFMANN
Grundlagen der Molekularbiologie und Regulation des Zellstoffwechsels
Dynamische Biochemie, Teil IV

GEORG DAUTCOURT
Relativistische Astrophysik

WTB

BAND 91

Eberhard Hofmann

Intermediärstoffwechsel

Dynamische Biochemie, Teil III

2., völlig überarbeitete Auflage

Mit 19 Abbildungen

AKADEMIE-VERLAG · BERLIN

PERGAMON PRESS · OXFORD

VIEWEG + SOHN · BRAUNSCHWEIG

Reihe BIOLOGIE

Herausgeber:
Prof. Dr. H. Borriss, Greifswald
Prof. Dr. E. Hofmann, Leipzig
Prof. Dr. J. O. Hüsing, Halle/Saale
Prof. Dr. M. Klinkowski, Aschersleben
Prof. Dr. W. Schwartz, Hamburg

Verfasser
Prof. Dr. Eberhard Hofmann
Leipzig

ISBN 3 528 **06091** 3

1971

Lizenznummer: 202 · 100/618/71
Herstellung: VEB Druckhaus „Maxim Gorki“, 74 Altenburg
Bestellnummer: Akademie-Verlag 7091 · ES 18 G 1 · EDV 761 397 1
Pergamon-Press 080 175 899
Vieweg + Sohn 6091
Printed in German Democratic Republic

Inhaltsverzeichnis

1. Stoffwechsel der Kohlenhydrate

Kohlenhydrate haben in der belebten Welt mannigfaltige Funktionen. Sie dienen als *Reserve-* und *Stützsubstanzen*, als *Energiespender* und erfüllen darüber hinaus wichtige spezifische Aufgaben. Viele Vertreter von ihnen weisen eine außerordentlich *große Erneuerungsrate* auf. Zwischen den vier großen Stoffklassen der belebten Materie, den Kohlenhydraten, Fetten, Eiweißen und Nucleinsäuren, gibt es innige metabolische Beziehungen.

Im Rahmen dieses Buches ist es nicht möglich, die Chemie der Mono-, Di- und Polysaccharide zu erörtern. Es sei daher auf die Lehrbücher der Organischen Chemie verwiesen.

1.1. Anaerober Abbau der Glucose (Glykolyse)

Unter *Glykolyse* faßt man den Abbauweg der Glucose *zur Milchsäure* unter *anaeroben* Bedingungen zusammen. Unter *Gärung* versteht man die anaerobe Bildung von *Äthylalkohol* und CO_2 aus Glucose durch Hefezellen. Die Nettogleichung der Glykolyse ist:

$$C_6H_{12}O_6 + 2\text{ anorg. Phosphat} + 2\,ADP \rightarrow$$
$$2\,CH_3{-}CHOH{-}COOH + 2\,ATP$$

Die Entdeckung der Reaktionsfolge der Glykolyse bzw. der Gärung ist eng mit den Namen Buchner, Harden, Young, Meyerhof, Neuberg, Warburg, Embden, Parnas, Lohmann u. a. verbunden. Diesen Forschern ist es gelungen, den komplexen Vorgang der Milchsäure- bzw. Alkoholbildung aus Glucose durch Muskelgewebe und Hefe aufzugliedern, ihn in Teilschritte zu zerlegen, die hierfür erforderlichen Enzyme zu isolieren bzw. sie zu kristallisieren und deren Wirkungsmechanismen aufzuklären. Im folgenden seien die einzelnen Teilschritte nacheinander besprochen.

1. Phosphorylierung der Glucose

$$\text{Glucose} + \text{ATP} \rightarrow \text{Glucose-6-phosphat} + \text{ADP}$$

Auf Grund der verschiedenen Energieinhalte der Phosphatbindungen im ATP (Pyrophosphatbindung) und Glucose-6-phosphat (Esterphosphat) liegt das Gleichgewicht dieser Reaktion weitgehend auf der rechten Seite.

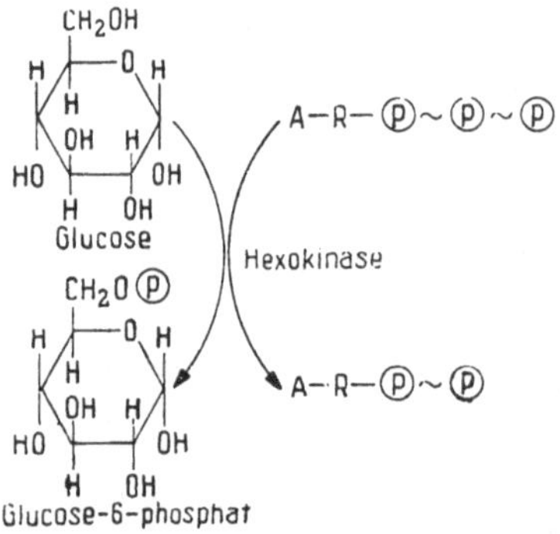

Die Reaktion ist praktisch nicht reversibel. Diese Reaktion wird durch ein Enzym, die *Hexokinase*, katalysiert. In der Natur gibt es verschiedene Hexokinasen, die sich in den Substratspezifitäten und Substrataffinitäten unterscheiden. Es ist erforderlich, zwischen unspezifischer Hexokinase (Hefe, grüne Pflanzen, Gehirn, Tumorzellen, Erythrocyten) und spezifischen Hexokinasen zu unterscheiden.

Die unspezifische Hexokinase phosphoryliert Glucose ($K_M = 1{,}5 \times 10^{-4}\,M$ für Hefe, $8 \times 10^{-6}\,M$ für Gehirn), Fructose ($K_M = 7 \times 10^{-4}\,M$ für Hefe, $1{,}6 \times 10^{-3}\,M$ für Gehirn) Mannose ($K_M = 5 \times 10^{-5}\,M$ für Hefe, $5 \times 10^{-6}\,M$ für Gehirn) und andere Monosaccharide (nicht aber Galaktose) zu den jeweiligen Monosaccharid-6-phosphaten.

Unter den spezifischen Hexokinasen unterscheidet man Glucokinasen, Fructokinasen und Galaktokinasen. Glucokinase und Fructokinase findet man in der Leber; in diesem Organ kommt auch eine unspezifische Hexokinase vor. Diese beiden glucosephosphorylierenden Enzyme unterscheiden sich in ihrer Substrataffinität. Die MICHAELIS-Konstante der Glucokinase für Glucose beträgt $K_M = 1 \times 10^{-2}$ M, der Hexokinase $K_M = 1 \times 10^{-5}$ M. Für die Regulation des Blutzuckerspiegels ist die in höherer Aktivität vorhandene Glucokinase entscheidend. Insulin fördert die de-novo-Synthese der Glucokinase (S. 54).

Während die Glucokinase wie die unspezifische Hexokinase Glucose-6-phosphat liefert, liefern die beiden anderen Kinasen Fructose-1-phosphat bzw. Galaktose-1-phosphat (S. 29). Für die Wirkungsweise aller dieser Fermente sind Mg^{++}-Ionen essentiell (Substrat ist Mg-ATP). Die meisten Hexokinasen werden durch Glucose-6-phosphat, wenn auch in unterschiedlicher Stärke, gehemmt; auch ADP kann als kompetitiver Hemmstoff wirken.

Das Molgewicht der Hefehexokinase ist 97000. Es ist wahrscheinlich ein Glykoproteid, welches ein Mannose-Polysaccharid enthält. Es sind mehrere chromatographisch trennbare Isoenzyme bekannt.

2. *Phosphohexoisomerase*

Dieses Enzym, von LOHMANN 1933 entdeckt, katalysiert die reversible Umwandlung von Glucose-6-phosphat zu Fructose-6-phosphat.

Glucose-6-phosphat ⇌ Fructose-6-phosphat
70% 30%

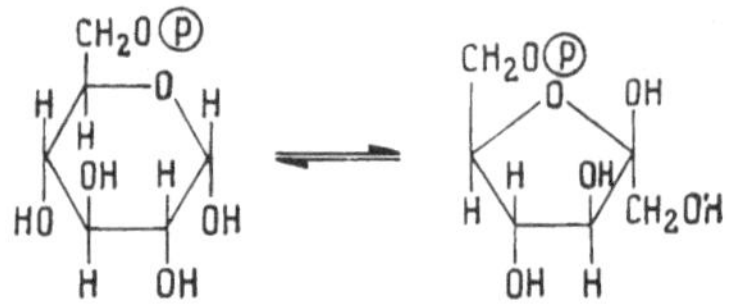

Neben diesem Enzym wurde in der Muskulatur und in Erythrozyten auch eine Phosphomannoisomerase gefunden. Experimente mit deuterium-markierten Substraten ergaben folgenden Reaktionsmechanismus:

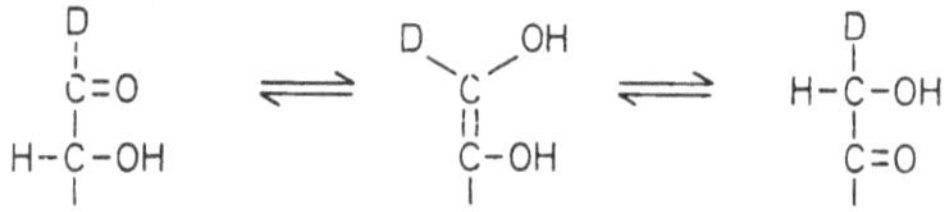

Als Zwischenprodukt tritt ein cis-Endiol auf.

Dabei tritt kein Isotopenaustausch mit dem Wasser ein. Die Phosphoglucoisomerase wird durch 6-Phosphogluconat gehemmt.

3. Phosphofructokinase. Dieses Ferment katalysiert die folgende Reaktion:

Fructose-6-phosphat + ATP
→ Fructose-1,6-diphosphat + ADP

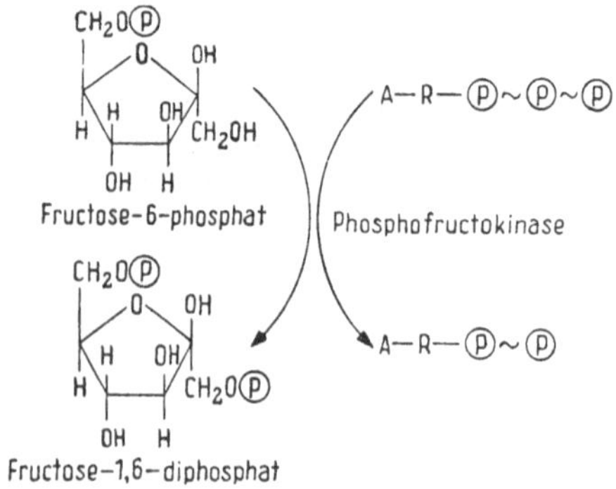

Dazu sind Mg^{++}- sowie K^{+}- bzw. NH_4^{+}-Ionen notwendig. Das Enzym zeichnet sich durch hohe Labilität aus. Das ATP kann durch GTP, ITP und UTP ersetzt werden. Das Reaktionsgleichgewicht liegt auf der Seite der FDP-Bildung. Die „Rückreaktion", d. h. die Umwandlung von F-1,6-P in F-6-P, erfolgt durch eine Fructosediphosphatase. Diese gehört in die Gruppe der alkalischen Phosphatasen. Sie wird durch Mg^{++} aktiviert und durch Fluorid gehemmt.

Durch 5'-AMP und 3', 5'-AMP wird die Phosphofructokinase allosterisch aktiviert. ATP hemmt, F-6-P, ADP und F-1,6-diP steigern die Aktivität der Phosphofructokinase. *Hochinteressant ist die Tatsache, daß Citrat die Aktivität dieses Enzyms stark zu hemmen vermag.* Die Phosphofructokinase verschiedener biologischer Quellen ist ein wichtiges *Kontrollenzym* des Kohlenhydratabbaues. Es besitzt verschiedene *Bindungsstellen* für *allosterische Effektoren.*

4. Aldolase. Dieses Enzym spaltet Fructose-1,6-diphosphat in die beiden Triosephosphate Dioxyacetonphosphat und D-Glycerinaldehyd-3-phosphat.

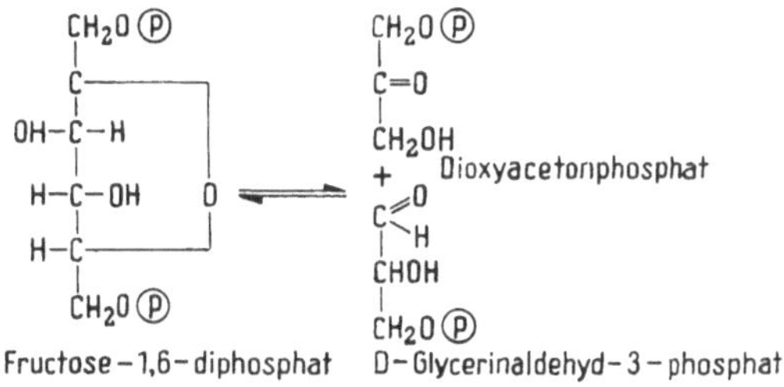

Die Gleichgewichtskonstante dieser Reaktion beträgt bei 38 °C und pH 7,3 $1{,}2 \cdot 10^{-4}$ M, d. h., im Gleichgewicht sind 89% FDP und 11% Triosephosphat vorhanden. Bei Anwesenheit von Dioxyacetonphosphat vermag das Enzym mit verschiedenen Aldehyden zu reagieren, z. B. Glycerinaldehyd oder Erythrosephosphat. Die Aldolase wurde aus Hefe und Muskel in kristallinem Zustand erhalten (Molgewicht der Muskelaldolase 149000). Das Muskelenzym ist äußerst empfindlich gegen Schwermetallsalze, das Hefeenzym wird durch Cystein inaktiviert. Fe^{++}, Zn^{++} und Co^{++} bermögen die Hefealdolase zu reaktivieren.

5. *Triosephosphat-Isomerase.* Dieses Enzym katalysiert die reversible gegenseitige Umwandlung der beiden durch die Aldolase entstandenen Triosephosphate.

$$\underset{97\%}{\text{Dioxyacetonphosphat}} \rightleftharpoons \underset{3\%}{\text{D-Glycerinaldehyd-3-phosphat}}$$

Das Enzym kommt in beträchtlichen Aktivitäten im Skelettmuskel, in Tumoren, Gehirn, Hefe und anderen Zellarten vor. Seine Wechselzahl ist erstaunlich hoch, sie beträgt 2×10^6 Mol pro 1×10^5 g Eiweiß · min. Aus Kalbsmuskel wurde das Ferment in guter Ausbeute kristallin erhalten.

6. *D-Glycerinaldehyd-3-phosphat-Dehydrogenase* (Triosephosphat-Dehydrogenase). Das Wesen der durch dieses Enzym katalysierten Reaktion besteht in einer Dehydrierung des Aldehydes, die unter gleichzeitiger Aufnahme von anorganischem Phosphat erfolgt (*Substratphosphorylierung*). Die *Substratphosphorylierung* ist im Gegensatz zur *Atmungskettenphosphorylierung DNP-unempfindlich.* Sie erfolgt auf dem Niveau der Substrate Der *Oberbegriff* für beide Phosphorylierungstypen ist „*oxydative Phosphorylierung*“ (s. T. II). Wasserstoffacceptor ist NAD^+.

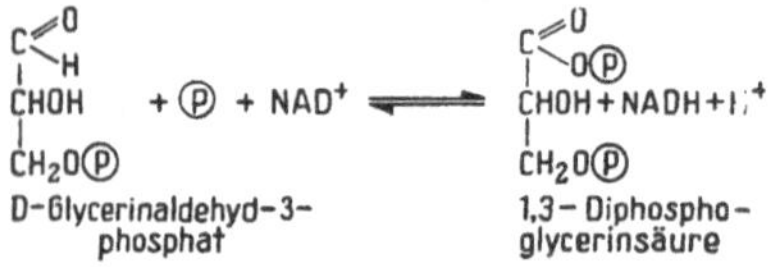

Dabei entsteht die 1,3-Diphosphoglycerinsäure. Sie enthält in ihrem Molekül eine Acylphosphat- und eine Esterphosphatbindung. Erstere besitzt eine hohe freie Enthalpie der Hydrolyse ($\Delta G = -12000$ cal). Das Enzym ist in kristallinem Zustand aus Hefe und Muskel erhalten worden. Die Molekulargewichte beider Enzyme betragen 120000. Das Muskelenzym ist ein Enzym-NAD^+-Komplex, welcher NAD^+ sehr fest gebunden enthält. Das Hefeenzym enthält kein NAD^+, bindet es aber sehr stark. Bedeutsam ist ferner, daß die SH-Gruppen des Enzyms für seine Wirksamkeit notwendig sind, sie müssen vollständig reduziert vorliegen. Das oxydierte Enzym kann durch Glutathion oder Cystein wieder reaktiviert werden. Die SH-Gruppen können durch Monojodessigsäure blockiert werden. Dadurch tritt eine irreversible Hemmung des Enzyms ein.

$$\text{Enzym} - \text{SH} + \text{JCH}_2\text{COO}^- \rightarrow \text{Enzym-CH}_2\text{COO}^- + \text{HJ}$$

Methodisch bedeutsam für die Messung der Enzymaktivität und die Untersuchung des Wirkungsmechanismus war die Zugabe von Arsenat anstelle des Phosphates zum Reaktionsansatz. Dabei bildet sich nicht 1,3-Diphosphoglycerat, sondern 1-Arseno-3-phosphoglycerat. Diese Substanz ist äußerst instabil, sie zerfällt sehr rasch in Arsenat und 3-Phosphoglycerat.

Der Reaktionsmechanismus der Triosephosphatdehydrogenase konnte aufgeklärt werden:

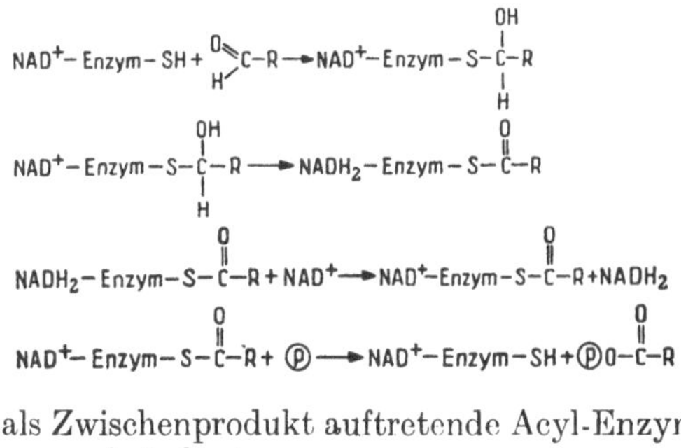

Die als Zwischenprodukt auftretende Acyl-Enzym-Verbindung wurde isoliert.

Das Enzym (Hefe und Muskel) besitzt interessanterweise mehrere Wirkungen. Neben der oxydativen Phosphorylierung des 3-Phosphoglycerinaldehydes katalysiert es u. a. folgende Reaktionen:

a) Bildung von Acetylphosphat aus Acetaldehyd und Phosphat unter Beteiligung von NAD^+,
b) Phosphataustausch am Acetylphosphat,
c) Bildung von Acetyl-CoA aus Acetylphosphat und CoA unter Freisetzung von Phosphat.

7. Phosphoglyceratkinase. Die durch dieses Enzym katalysierte Reaktion lautet:

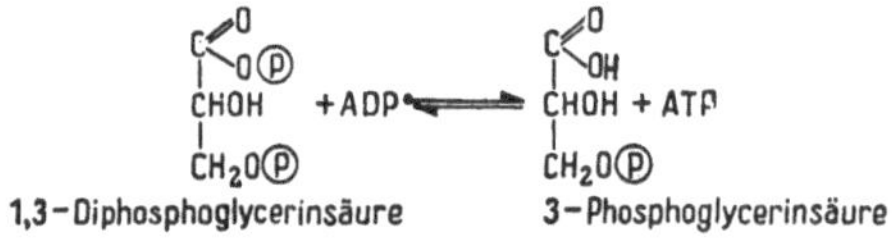

Bei dieser Reaktion erfolgt demnach eine Transphosphorylierung auf hohem energetischen Niveau, die von einer ATP-Synthese begleitet ist (Substratphosphorylierung).

8. Phosphoglyceratmutase. Dieses Enzym wandelt das 3-Phosphoglycerat in 2-Phosphoglycerat um. Dazu ist als „Cosubstrat" 2,3-Diphosphoglycerat notwendig. Der Mechanismus weist Ähnlichkeiten mit dem der Phosphoglucomutase auf.

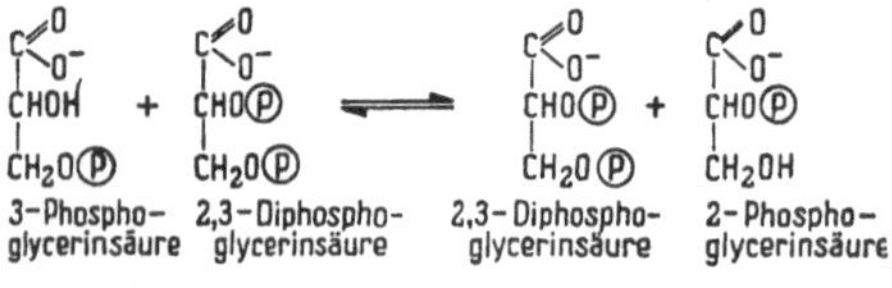

Es kommt dabei zu einer Phosphatübertragung von der 2,3-Diphosphoglycerinsäure (3-Stellung) auf die 3-Phosphoglycerinsäure (2-Stellung) unter Bildung von 2-Phosphoglycerinsäure (aus 2,3-Diphosphoglycerinsäure) und 2,3-Diphosphoglycerinsäure (aus 3-Phosphoglycerinsäure). Letztere steht dann wieder für eine Transphosphorylierung zur Verfügung. 2,3-Diphosphoglycerinsäure entsteht aus 1,3-Diphosphoglycerinsäure durch die Diphosphoglyceratmutase. Dieses Ferment wurde in Erythrocyten entdeckt, kommt aber auch in anderen Geweben vor (RAPOPORT). Das Gleichgewicht der Reaktion liegt weit auf der rechten Seite

1,3-Diphosphoglycerinsäure

→ 2,3-Diphosphoglycerinsäure

9. Enolase. Durch dieses Enzym entsteht aus der 2-Phosphoglycerinsäure die Phosphoenolbrenztraubensäure

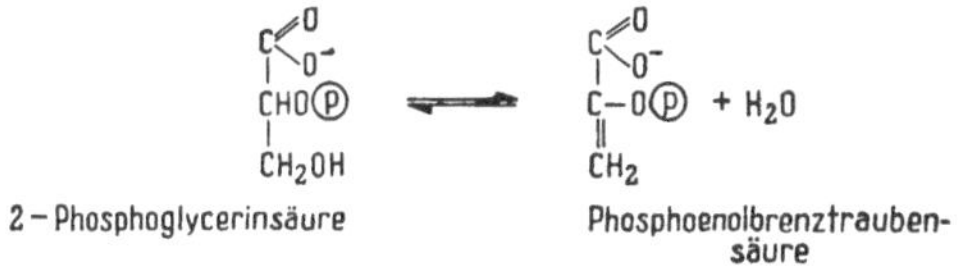

Das Enzym wurde als Quecksilbersalz aus Hefe kristallisiert. Es braucht Mg^{++}, Mn^{++} oder Zn^{++}; Fluorid ist bei Anwesenheit von Mg^{++} und Phosphat ein starker Hemmstoff des Enzyms. Der eigentliche Hemmstoff scheint ein Mg-Fluoro-Phosphatkomplex zu sein. Bei der Enolasereaktion, die glatt reversibel ist, geht eine Änderung der Energieverteilung im Substrat vor sich. Das entsprechende Produkt, die Phosphoenolbrenztraubensäure, enthält eine energiereiche Phosphorsäurebindung (Enolphosphatbindung).

10. Pyruvat-Kinase. Dieses Enzym katalysiert eine Transphosphorylierung, bei der ADP erneut der Phosphatacceptor ist und in ATP überführt wird (*Substratphosphorylierung*)

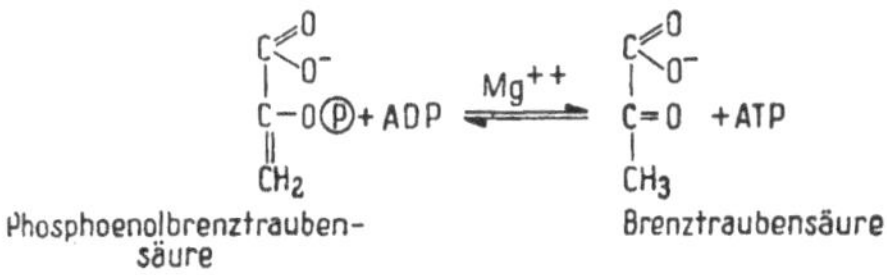

Das Gleichgewicht liegt so weit auf der rechten Seite, daß man lange annahm, die Reaktion wäre irreversibel. Setzt man jedoch zu den Mg^{++}- und ATP-haltigen Ansätzen K^+- oder NH_4^+-Ionen hinzu, läßt sich Reversibilität nachweisen. Später wurde nachgewiesen, daß K^+-, Rb^+- oder NH_4^+-Ionen für die Brenztraubensäurebildung ebenfalls notwendig sind.

Bis zur Stufe der Brenztraubensäure verlaufen die Reaktionsketten der Glykolyse in tierischem Gewebe und der Gärung in der Hefe völlig übereinstimmend. Erst auf der Stufe der Brenztraubensäure tritt eine Teilung des Weges ein. Im Muskel wird Brenztraubensäure zu Milchsäure reduziert, in der Hefe entsteht aus ihr über die Stufe des Acetaldehydes Äthylalkohol.

11. Milchsäuredehydrogenase. Dieses Enzym katalysiert die Reduktion der Brenztraubensäure zur L-Milchsäure unter Verbrauch des in Reaktion 6 gebildeten $NADH_2$.

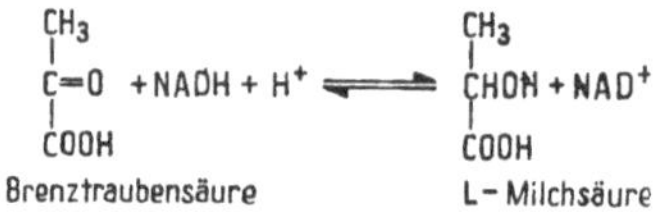

Die Gleichgewichtskonstante der Reaktion beträgt bei 25°C:

$$K = \frac{[CH_3-CO-COOH]\,[NADH]\,[H^+]}{[CH_3CHOH-COOH]\,[NAD^+]}$$

$$= 3 \cdot 10^{-12}\ \text{Mol/Liter}.$$

Das Enzym wurde in kristallisiertem Zustand aus Muskelgewebe hergestellt.

Infolge der Notwendigkeit von $NADH_2$ für die Reaktion läuft diese in den meisten tierischen Zellen nur unter anaeroben Bedingungen ab. Ausnahmen sind vor allem die Krebszellen, welche sich durch eine hohe aerobe Milchsäurebildung auszeichnen.

Andere Milchsäuredehydrogenasen: In Milchsäurebakterien findet man neben L-Milchsäure-Dehydrogenase auch D-Milchsäure-Dehydrogenase, welche ebenfalls NAD^+-spezifisch ist. In Hefe kommt eine L-Milchsäure-Dehydrogenase vor, die NAD^+-unabhängig ist, jedoch Flavinmononucleotid und Häm als prosthetische Gruppen enthält. Letzteres führte dazu, daß dieses Enzym als Cytochrom b_2 klassifiziert wurde (α-Bande 557 nm; β-Bande 528 nm) (T. II).

12. Bildung von Äthylalkohol aus Brenztraubensäure. Dieser Prozeß läuft in der Hefe ab, er spielt eine bedeutende praktische Rolle. An ihm sind die *Brenztraubensäuredecarboxylase* und die *Alkoholdehydrogenase* beteiligt:

1. $CH_3{-}CO{-}COOH \rightarrow CH_3CHO + CO_2$

2. $CH_3CHO + NADH + H^+ \rightleftharpoons CH_3CH_2OH + NAD^+$

Coenzym der Reaktion 1 ist *Thiaminpyrophosphat* (Aneurinpyrophosphat).

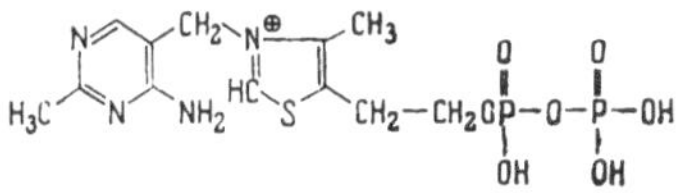

Aneurinpyrophosphat

Außerdem sind an der Acetaldehydbildung Mg^{++}-Ionen beteiligt. In der 2. Reaktion wird das bei der Triosephosphat-Dehydrogenase gebildete $NADH_2$ verbraucht und NAD^+ zurückgebildet. Die Gleichgewichtskonstante der Reaktion 2 liegt bei $1 \cdot 10^{-11}$ Mol/Liter (25 °C), also sehr weit auf der Seite der Äthanolbildung.

Es gibt neben Alkoholdehydrogenase aus Hefe noch eine Leber-ADH. Sie unterscheidet sich in der Spezifität und einigen weiteren molekularen Eigenschaften. Hefe-ADH oxydiert Äthanol sehr viel rascher als höhere Alkohole (n-Propanol, n-Butanol), die Leber-ADH hingegen hat eine breitere Spezifität gegenüber Carbinol-Verbindungen. Auch längerkettige primäre Alkohole, wie Vitamin A, werden durch dieses Enzym oxydiert.

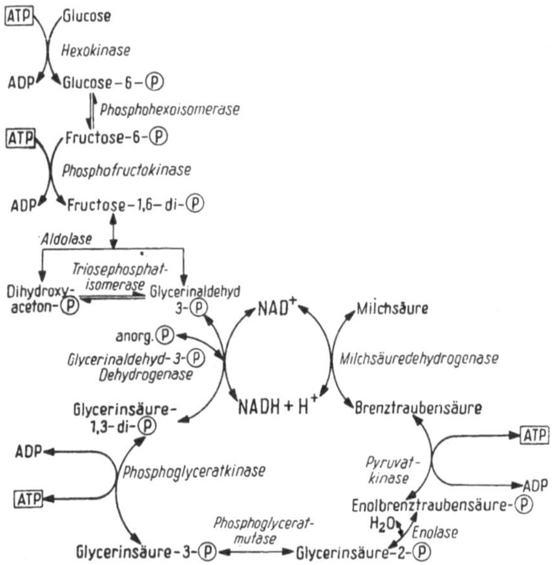

Das Molgewicht der Hefe-ADH ist 150000, sie bindet 4 Mole Pyridinnucleotid pro Mol Enzymprotein. Die Leber-ADH besitzt hingegen ein Molgewicht von 73000 und vermag nur 2 Mole NAD^+ bzw. $NADH_2$ zu binden. Vermutlich ist Zn^{++} an der Bindung dieser Pyridinnucleotide an das Enzymprotein beteiligt. Die Leber-ADH besteht aus zwei Untereinheiten. Es gibt zwei Isoenzyme und eine hybride Form (EE, SS, ES). Die Untereinheit E bevorzugt die Oxydation von Äthanol, S die Oxydation von Steroiden.

1.1.1. Bilanz der Glykolyse bzw. Gärung

Ein Mol Glucose wird beim Durchgang durch die Glykolysekette zu zwei Molen Milchsäure bzw. zwei Molen Äthylalkohol und zwei Molen Kohlendioxyd gespalten. Die Änderung der freien Enthalpie beträgt —47 kcal/Mol Glucose. Den zwei Molen verbrauchten ATP (Hexokinase,

Phosphofructokinase) stehen insgesamt vier Mole gebildetes ATP gegenüber (zwei ATP auf der Stufe der 3-Phosphoglycerinsäurekinase und zwei ATP auf der Stufe der Pyruvatkinase). Die Nettogleichung der Glykolyse sieht demnach so aus:

$$\text{Glucose} + 2\,\text{ADP} + 2\ \text{anorg. Phosphat} \rightarrow 2\ \text{Lactat} + 2\,\text{ATP}$$

Von den 47 kcal freier Enthalpie werden also 15,6 kcal im ATP gespeichert, die übrigen 30 kcal werden als Wärme frei. Der energetische Nutzeffekt der Glykolyse beträgt folglich etwa 33%.

Unter aeroben Bedingungen wird die Glucose vollständig zu CO_2 und H_2O oxydiert. Die Brenztraubensäure wird dann nicht zu Milchsäure reduziert, sondern mittels des Pyruvat-Dehydrogenase-Komplexes über Acetyl-Coenzym A in den Citronensäurecyclus eingeschleust (s. T. II). Während die Bildung des Pyruvat in der löslichen cytoplasmatischen Phase (Cytosol) vor sich geht, erfolgt der weitere Abbau der Brenztraubensäure und ihre vollständige Oxydation in den Mitochondrien.

Aus einem Mol Brenztraubensäure werden bei vollständiger Oxydation 15 Mole ATP durch Atmungskettenphosphorylierung gebildet. Da zwei Mole Brenztraubensäure aus einem Mol Glucose entstehen, werden auf diesem Wege 30 Mole ATP erhalten. Ein Mol Glucose liefert weiterhin 2 Mole ATP mittels Substratphosphorylierung in der Glykolysekette. Außerdem werden bei der vollständigen mitochondrialen Oxydation der zwei Mole NADH, die glykolytisch durch die Wirkung der D-Glycerinaldehyd-3-Phosphat-Dehydrogenase gebildet werden, insgesamt 6 Mole ATP erhalten. Daraus ergibt sich, daß bei vollständiger Oxydation 38 Mole ATP aus einem Mol Glucose gebildet werden.

Insgesamt werden bei vollständiger Oxydation der Glucose 686 kcal/Mol freie Enthalpie gebildet. Diesen stehen 38 Mole ATP mit insgesamt 296 kcal gegenüber. Der Nutzeffekt der ATP-Synthese beträgt demnach 43%.

Die Gleichung für die vollständige Oxydation der Glucose lautet also:

$$C_6H_{12}O_6 + 6\,O_2 + 38\text{ Mol ADP} + 38\text{ Mol } \textcircled{P} \rightarrow 6\,CO_2 + 6\,H_2O + 38\text{ Mol ATP}$$

1.1.2. Vergleichende Biochemie der Glykolyse

Der anaerobe Glucoseabbau und der dabei eintretende Energiegewinn ist phylogenetisch älter als die Atmung. Es gibt Gründe dafür, daß anaerob lebende Organismen auf der Erde existierten, bevor Sauerstoff in der Erdatmosphäre vorhanden war. Erst nachdem Sauerstoff möglicherweise durch Photolyse des Wassers (Photosynthese) auftrat, entstand aerobes Leben. Damit waren auch die Bedingungen geschaffen für die Höherentwicklung und die steigende Differenzierung der Organismen. Normale atmende Zellen bilden aerob gewöhnlich keine Milchsäure, auch wildwachsende Hefen gären aerob sehr wenig. Reife Erythrozyten hingegen, die praktisch über keine Atmung mehr verfügen, decken ihren Energiebedarf vollständig aus der Glykolyse. Eine wichtige Stoffwechseleigentümlichkeit aller Tumorzellen ist, daß sie aerob große Mengen Milchsäure bilden. Diese hohe aerobe Glykolyse ist Ausdruck der Entdifferenzierung der Tumorzelle (WARBURG).

1.1.3. Neben- und Hilfsreaktionen der Glykolyse bzw. Gärung

1. Glycerin-1-phosphat-Dehydrogenase
(BARANOWSKI-Enzym)

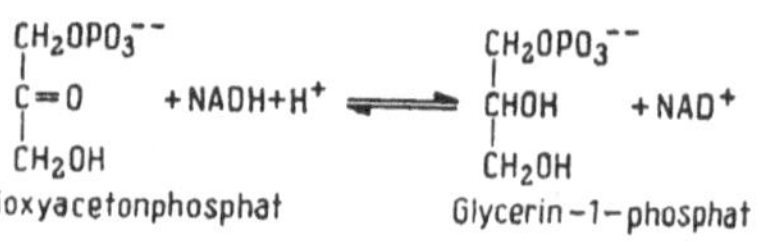

Die Gleichgewichtskonstante dieser Reaktion liegt bei $7 \cdot 10^{-12}$, das Gleichgewicht liegt demnach weit auf der Seite der Reduktion des Dioxyacetonphosphats. Diese Reaktion findet z. B. in der Hefe bei Zugabe von Bisulfit (Abfangen des Acetaldehydes) statt. Dabei kommt es zu einem Verbrauch von Gärungs-$NADH_2$. Eine Phosphatase vermag Glycerin-1-phosphat zu spalten, wobei freies Glycerin entsteht („Glyceringärung" oder „Sulfitgärung" bzw. 2. Form der Gärung nach NEUBERG).

Physiologisch spielt diese Reaktion ebenfalls eine bedeutsame Rolle. Auffallend ist, daß dieses Enzym in verschiedenen Geweben und Organismen, wenn auch mit unterschiedlichen Aktivitäten, vorkommt. In der Insektenmuskulatur übernimmt das Dioxyacetonphosphat den größten Teil des anfallenden Wasserstoffs aus dem $NADH_2$, da in diesen Geweben die Milchsäuredehydrogenase eine sehr kleine Aktivität aufweist.

Die Glycerin-1-phosphat-Bildung ist auch für die Fett- und Phosphatidsynthese in der Leber wichtig.

2. Glyoxalase. Die Bedeutung dieses Enzymsystems dem man früher eine wichtige Rolle bei der Gärung zugeschrieben hat und das verhältnismäßig große Verbreitung besitzt, ist unbekannt. Dieses Enzymsystem besteht aus zwei Einzelenzymen, den Glyoxylasen I und II. Sie katalysieren folgende Reaktionen:

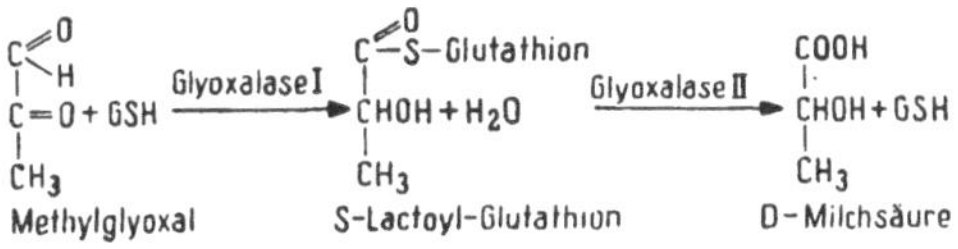

Die Reaktion ist vom reduzierten Glutathion abhängig. Da das S-Lactoyl-Glutathion spezifisch bei 240 nm absorbiert, läßt sich mit Hilfe der Glyoxylase I die Bestimmung von reduziertem Glutathion durchführen.

3. Bildung von Acetoin (Acetylmethylcarbinol) aus Brenztraubensäure.

Diese Reaktion wurde in Hefe, aber auch in tierischen Geweben gefunden. Als Cofaktoren fungieren Aneurinpyrophosphat (APP) und Mg^{++}.

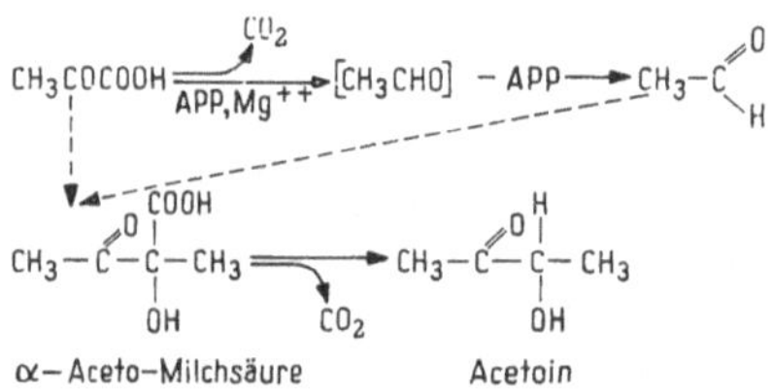

Einige Bakterien enthalten Enzyme für die Reduktion von Acetoin zu 2,3-Butandiol ($CH_3CHOHCHOHCH_3$).

4. Glycerinkinase.

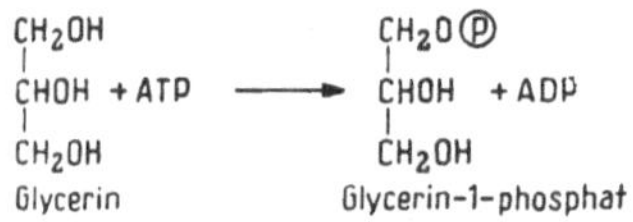

Die Bedeutung dieser Stoffwechselreaktion liegt vor allem im Fettstoffwechsel, indem sie sowohl Glycerin-1-phosphat für die Fett- und Phosphatidsynthese liefert, als auch die Voraussetzungen für die Verwertung des bei der Fettspaltung entstehenden Glycerins schafft.

5. Glycerindehydrogenase.

Glycerin wird durch die relativ unspezifische Leber-Alkoholdehydrogenase unter $NADH_2$-Bildung zu D-Glycerinaldehyd dehydriert.

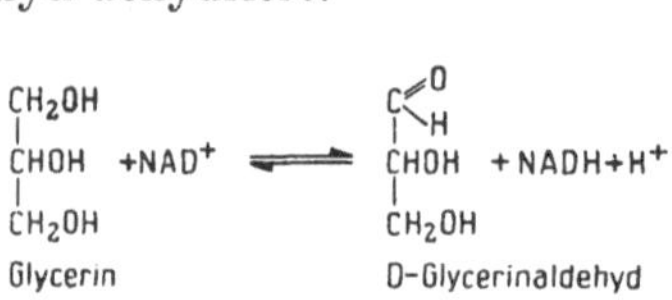

D-Glycerinaldehyd kann unter ATP-Verbrauch zu D-Glycerinaldehyd-3-phosphat phosphoryliert werden.

6. Glycerinsäuredehydrogenase.

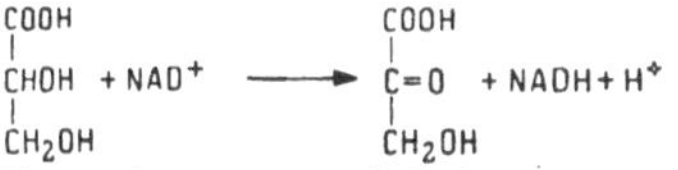

Glycerinsäure β-Hydroxybrenztraubensäure

Diese Reaktion spielt vermutlich bei Serin-Abbau und -Synthese eine bedeutsame Rolle.

7. Glucose-6-phosphatase.

$$\text{Glucose-6-phosphat} \xrightarrow[\text{Mg}^{++}]{\text{H}_2\text{O}} \text{Glucose} + \text{Ⓟ}$$

Diese Reaktion kommt in vielen Organen und Geweben sowie verschiedenen Mikroorganismen vor. In der Leber spielt sie eine entscheidende Rolle bei der Umwandlung von Glykogen in Blutglucose. Sie fehlt in Muskelzellen und ist in verschiedenen Tumorzellen nur in geringer Aktivität vorhanden. Da die Tumorzellen durch eine hohe anaerobe und aerobe Glykolyse ausgezeichnet sind, hat man diesem Enzym eine Bedeutung bei der Regulation des Gesamtausmaßes der Glykolyse zugeschrieben. In der Tat ergeben sich interessante reziproke Beziehungen zwischen Glykolyse- bzw. Gärungsgeschwindigkeit und Glucose-6-phosphatase-Aktivität. Sicher ist jedoch, daß damit das Problem der hohen aeroben Glykolyse noch nicht befriedigend gelöst wird.

In Leberzellen kommt das Enzym in der Mikrosomenfraktion vor. Es greift auch Desoxyglucose-6-phosphat und Glucosamin-6-phosphat an. Das Enzym vermag auch Nitrophenylphosphat zu hydrolysieren und den Phosphatrest von diesem Substrat auf Methanol zu übertragen. Es wird durch Glucose gehemmt, weil die Glucose ein guter Acceptor für Phosphat in dieser Reaktion ist.

Die Empfindlichkeit des Enzyms gegenüber freier Glucose ist eine Voraussetzung für die homöostatische Kontrolle der Glucogenese in der Leber. Die Glucose-6-phosphatase-Aktivität ist in der diabetischen Leber stark erhöht, Insulin vermag die Aktivität zu normalisieren. Orale Antidiabetika (z. B. 1-Butyl-3-p-tolyl-sulfonyl-Harnstoff) hemmen die Glucose-6-phosphatase der Rattenleber in vitro.

Es gibt auch Enzyme, welche Glucose-1-phosphat spalten. Das Blut von Seidenraupen hydrolysiert z. B. Glucose-1-phosphat und Galaktose-1-phosphat, wirkt jedoch nicht auf Glucose-6-phosphat.

8. Fructosediphosphatase. Dieses Enzym, welches die Reaktion

$$F-1,6-P \xrightarrow[Mg^{++}]{H_2O} F-6-P + Ⓟ$$

katalysiert, ist für die Umkehrung der glykolytischen Reaktionsfolge wichtig, da die Phosphofructokinasereaktion praktisch irreversibel ist. Wie die Glucose-6-phosphatase wird auch dieses Enzym durch Fluorid gehemmt.

9. ATPasen. Es gibt verschiedene ATPasen mit unterschiedlicher Lokalisation, Aktivierbarkeit und Bedeutung. Nicht alle Enzyme dieser Art haben die Funktion von Überlaufventilen, es gibt dabei auch Proteine, die, indem sie ATP spalten, mechanische Arbeit zu leisten vermögen.

a. *Partikel-ATPase.* Solche Mg^{++}-aktivierbare (Ca^{++}-hemmbare) Enzyme kommen im Muskel unabhängig vom Myosin und Actomyosin vor. Sie sind an die submikroskopischen Partikel der Muskelzellen gebunden.

Auch im Gehirn, in der Leber und in anderen Zellarten findet man ATPasen, welche partikulär, meistens mitochondrial, aber auch mikrosomal vorkommen können.

Frisch präparierte Leber-Mitochondrien enthalten wenig ATPase. Erst bei Alterung der Präparationen kommt es zu einem beträchtlichen Anstieg dieser Enzymaktivität. Dieser Anstieg kann durch Zugabe von Adeninnucleotiden unterdrückt werden (s. T. II, S. 140).

b. *ATPase-Wirkung des Myosins.* Das kontraktile Myosin vermag ATP zu hydrolysieren. Die chemische Energie der Hydrolyse der endständigen Phosphatbindung des ATP kann dabei in mechanische Arbeit umgewandelt werden. Die ATPase-Wirkung des Myosins wird durch Ca^{++} aktiviert und durch Mg^{++} gehemmt.

c. *Apyrase.* Solche Enzyme spalten beide Phosphatbindungen des ATP unter Bildung von AMP. Sie kommen in verschiedenen pflanzlichen Organismen (Kartoffeln, Hefe) vor.

d. *Membran-ATPase.* Es gibt ATPasen an Zellmembranen, die durch Na^+ und K^+ aktiviert werden. Diesen wird eine unmittelbare Bedeutung beim aktiven Transport dieser Ionen zugeschrieben. Sie kommen in der Zellmembran von Erythrocyten, Muskelzellen, Nervenzellen u. a. vor und werden durch Ouabain u. a. herzwirksame Glykoside, von denen bekannt ist, daß sie den aktiven Ionentransport unterbinden, gehemmt.

10. Adenylatkinase (Myokinase). Dieses Enzym kommt in vielen Geweben und Organismen vor. Es katalysiert folgende Reaktion:

$$2\,ADP \rightleftharpoons AMP + ATP.$$

Diese Reaktion ist sowohl bei der Spaltung des ATP als auch bei seiner Resynthese von Bedeutung. Das Enzym ist weitgehend hitzestabil, säurestabil und braucht Mg^{++} für seine Aktivität. Neben der Adenylatkinase, welche für Adeninnucleotide spezifisch ist, kommen weitere Kinasen dieser Art mit anderen Purin- bzw. Pyrimidinnucleotidspezifitäten vor.

11. Kreatinkinase.

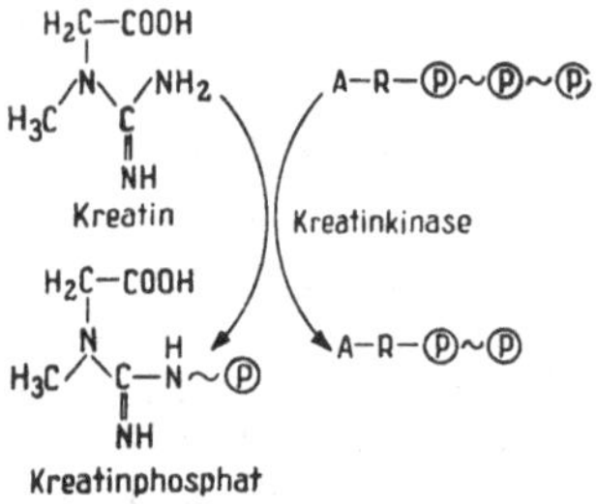

Diese glatt reversible Reaktion hat große Bedeutung im Stoffwechsel vor allem des Muskels. Sie ermöglicht eine Speicherung der chemischen Energie des ATP im Kreatinphosphat. In der Muskulatur von Wirbellosen kommt nicht Kreatinphosphat, sondern Argininphosphat vor. Dieses wird durch ein spezifisches Enzym, die Arginin-Kinase, gebildet. Einige Würmer enthalten Enzyme, die die Phosphorylierung von Glucocyamin und Taurocyamin durch ATP bewirken.

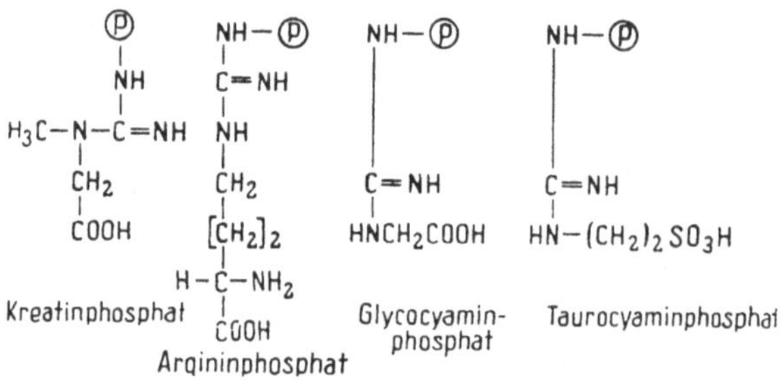

1.2. Stoffwechsel der Fructose

Die Leber enthält neben einer *unspezifischen* Hexokinase, die sowohl Glucose als auch (mit relativ kleiner Affinität) Fructose in die entsprechenden 6-Phosphat-

Ester überführt, eine spezifische *Fructokinase*, die mit hoher Affinität Fructose unter ATP-Verbrauch zum Fructose-1-phosphat umwandelt.

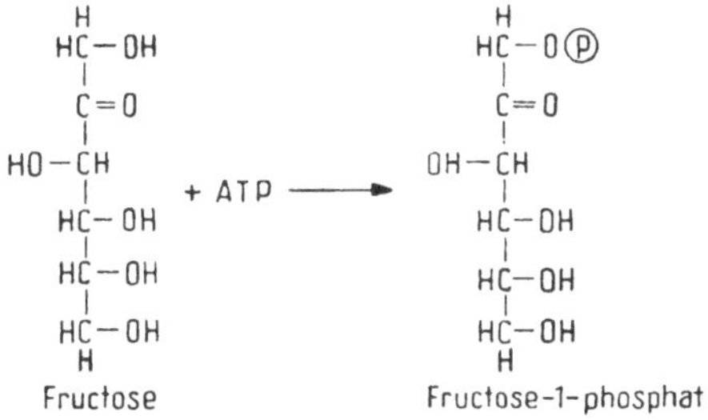

Über eine spezifische Glucokinase s. S. 9. Ob in der Muskulatur eine spezifische Fructokinase vorhanden ist, ist noch nicht entschieden.

Fructose-1-phosphat wird durch eine *Aldolase* gespalten. Entgegen früherer Auffassung, wonach zwei verschiedene Aldolasen jeweils auf Fructose-1,6-diphosphat und Fructose-1-phosphat eingestellt sein sollten, scheint eine einzige Aldolase in der Leber (Aldolase Typ B) diese beiden Substrate mit annähernd gleicher Geschwindigkeit zu spalten. Muskel-Aldolase hingegen (Typ A) spaltet FDP 50—100mal schneller als F-1-P.

Auch immunologisch bestehen Unterschiede zwischen Aldolase A und Aldolase B. In anderen Geweben (Gehirn, Niere, Darm) kommen Mischungen beider Typen vor.

Während Dioxyacetonphosphat direkt in den Glykolyseweg einmündet, wird Glycerinaldehyd erst zur Glycerinsäure oxydiert (NAD^+). Diese mündet nach ihrer Phosphorylierung zur 2-Phosphoglycerinsäure ebenfalls in die Glykolyse ein.

Ein anderer Weg des Glycerinaldehyds führt durch Reduktion ($NADH_2$) zum Glycerin. Dieses wird durch die Glycerinkinase zum Glycerin-1-phosphat unter ATP-Verbrauch phosphoryliert. Damit ist der Anschluß an den allgemeinen Stoffwechsel der Kohlenhydrate ebenfalls erreicht.

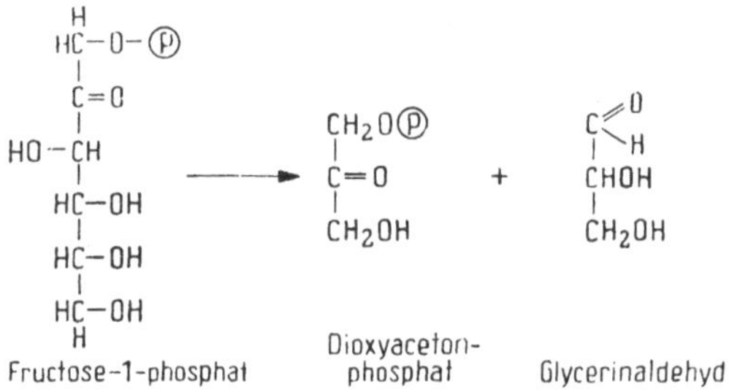

In der *Leber* gibt es einen Weg von der Fructose zur Glucose über *Sorbit*, der ohne Beteiligung von Phosphorsäure verläuft.

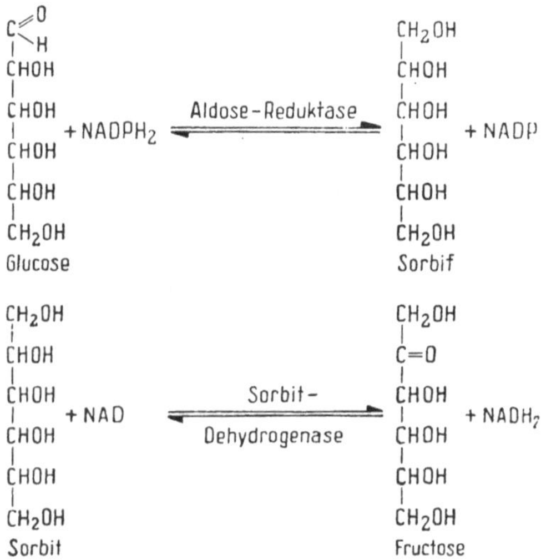

1.3. Stoffwechsel der Galaktose

Galaktose wird durch eine spezifische *Galaktokinase* in 1-Stellung phosphoryliert (in Leber, Erythrocyten, adaptierter Hefe, kaum im Muskel, nicht in Ascitestumorzellen). Das Galaktose-1-phosphat bildet mit UTP (Enzym: Uridindiphosphat-galaktosid-pyrophosphorylase) UDP-Galaktosid und Pyrophosphat.

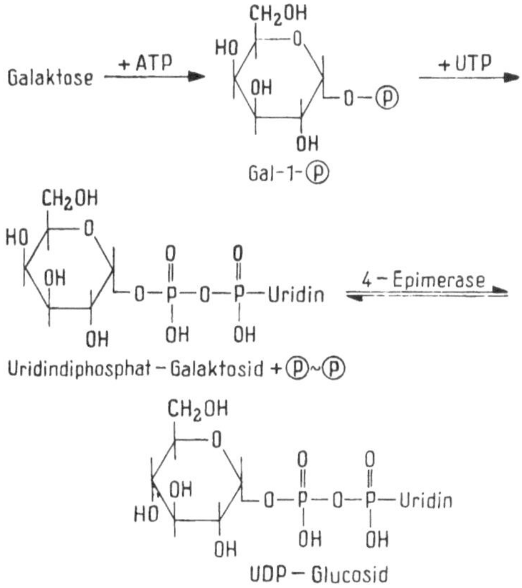

Die 4-Epimerase (auch als Galaktowaldenase bezeichnet) wandelt das Uridindiphosphatgalaktosid in das Uridindiphosphatglucosid um. An der Reaktion ist sehr wahrscheinlich fest an das Enzym gebundenes NAD^+ beteiligt (Keto-Verbindung als Zwischenprodukt). UDP-Glucosid ist im tierischen Organismus, aber auch in Mikroorganismen äußerst wichtig für den Galaktosestoffwechsel.

Durch die Uridindiphosphatglucosidtransferase wird folgende Reaktion katalysiert:

UDP-Glucosid + Galaktose-1-phosphat ⇌

UDP-Galaktosid + Glucose-1-Ⓟ.

Die Transferase und Epimerase katalysieren den Hauptweg der Umwandlung von Galaktose-1-phosphat in Glucose-1-phosphat und stellen damit die Verbindung zwischen der Galaktose und dem Stoffwechsel der Glucose her.

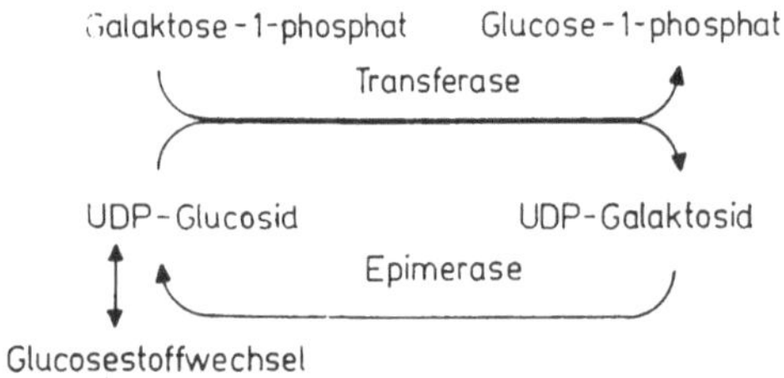

Bei einer erblichen Erkrankung, der *Galaktosämie*, kommt es zu einem *spezifischen Ausfall* der *Transferase-Reaktion*, somit zu einer Hemmung der Galaktoseverwertung. Die Folge ist eine Anhäufung von *Galaktose-1-phosphat* in der Leber, auch z. B. in den roten Blutkörperchen. Diese Verbindung ist *toxisch*, indem sie manche Enzyme des Glucosestoffwechsels stark hemmt.

Bei höheren Tieren gibt es neben der Transferase-Reaktion als Alternativweg die eingangs erwähnte Bildung von UDP-Galaktosid aus UTP und Galaktose-1-phosphat. Dieser Weg entwickelt sich jedoch erst bei der Geschlechtsreife.

UTP + Galaktose-1-phosphat

⇌ UDP-Galaktosid + Ⓟ—Ⓟ

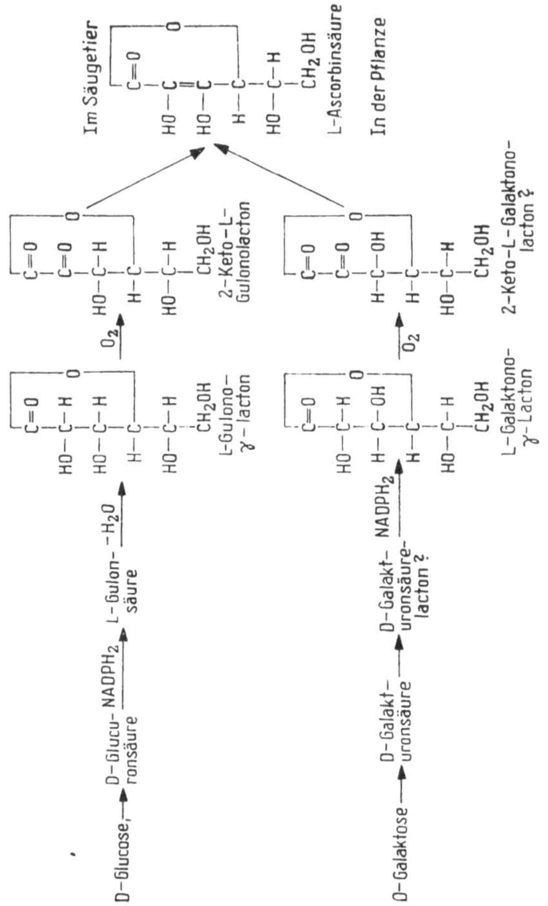
Im Säugetier
D-Glucose
D-Glucuronsäure
NADPH$_2$
L-Gulonsäure
$-H_2O$
L-Gulono-γ-lacton
O_2
2-Keto-L-Gulonolacton
L-Ascorbinsäure
In der Pflanze
D-Galaktose
D-Galakturonsäure
D-Galakturonsäurelacton ?
NADPH$_2$
L-Galaktono-γ-Lacton
O_2
2-Keto-L-Galaktonolacton ?

1.4. Synthese von Ascorbinsäure (Vitamin C)

Quelle für die Synthese der Ascorbinsäure im Tierkörper ist die Glucose. Ihre Umwandlung zur Ascorbinsäure ist aus beistehendem Schema zu entnehmen (Ratte). Meerschweinchen, die auf die Zufuhr von Vitamin C angewiesen sind, können Ascorbinsäure aus Gulonolacton nicht bilden. Die Biosynthese der Ascorbinsäure in Pilzen erfolgt wie im Säugetier. In Pflanzen scheint Galaktose das Substrat für das ascorbinsäurebildende Enzymsystem zu sein.

1.5. Die direkte Oxydation der Glucose und der Pentosephosphat-Cyclus

Glucose-6-phosphat ist eine Schlüsselsubstanz des Kohlenhydratstoffwechsels

Glucose-1-phosphat → Glykogen

⇅

Glucose + ATP → | Glucose-6-phosphat | → direkte Oxydation

↓ ⇅

Glucose + Ⓟ F–6–P

↓

Glykolyse

Um dieses Substrat konkurrieren mehrere Stoffwechselreaktionen (s. Schema!).

Eine bedeutende Rolle spielt dabei die direkte Oxydation der Glucose. Die erste Reaktion dieses Weges ist die Oxydation des Glucose-6-phosphates zum 6-Phosphogluconsäure-δ-lacton. Das diese Reaktion katalysierende Enzym heißt *Glucose-6-phosphat-Dehydrogenase*; Coenzym ist $NADP^+$. Es besitzt eine weite Verbreitung. Eine *Glu-*

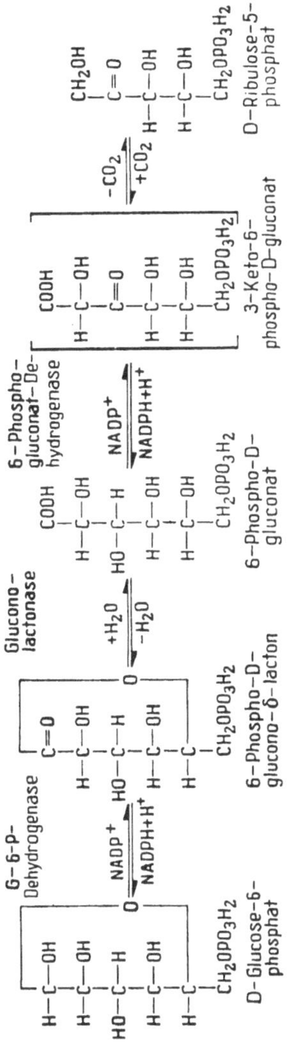
G-6-P-Dehydrogenase
NADP+
NADPH+H+
Glucono-lactonase
+H2O
-H2O
6-Phospho-gluconat-De-hydrogenase
NADP+
NADPH+H+
-CO2
+CO2
D-Glucose-6-phosphat
6-Phospho-D-glucono-δ-lacton
6-Phospho-D-gluconat
3-Keto-6-phospho-D-gluconat
D-Ribulose-5-phosphat

conolactonase, die in tierischem Gewebe, Bakterien und Hefe vorkommt, spaltet das Lacton hydrolytisch. Das entstandene 6-Phosphogluconat reagiert mit der ebenfalls $NADP^+$*-spezifischen Phosphogluconat-Dehydrogenase* weiter und bildet, vermutlich unter Zwischenschaltung eines bisher hypothetischen Zwischenproduktes (3-Keto-6-phospho-D-gluconat), D-Ribulose-5-phosphat.

Dieses Ketopentosephosphat steht im Gleichgewicht mit dem D-Ribose-5-phosphat, welches durch die *Phosphoriboisomerase* eingestellt wird. Es ist in Hefe, Pflanzen, Erythrocyten, Muskulatur, aber auch in Zellkernen von Niere und Leber nachgewiesen worden. Durch eine *Phosphoribomutase* wird Ribose-5-phosphat in Ribose-1-phosphat umgewandelt.

$$\text{Ribose-5-phosphat} \rightleftharpoons \text{Ribose-1-phosphat}$$
$$94\% \qquad\qquad\qquad 6\%$$

Dieses Enzym wandelt auch Desoxyribose-5-phosphat in den 1-Phosphat-Ester, allerdings mit wesentlich geringerer Geschwindigkeit, um.

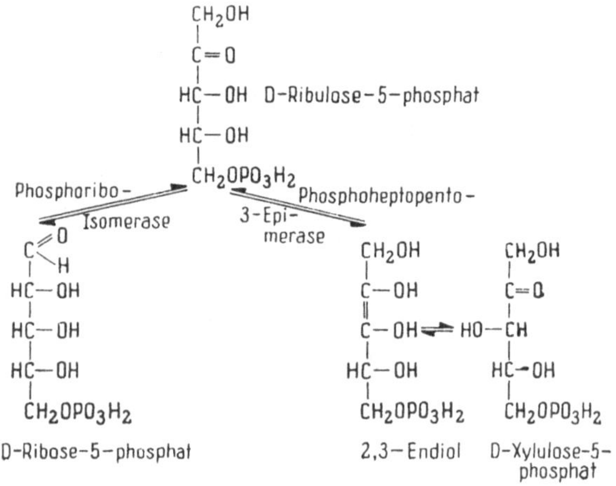

Vom Ribose-1-phosphat bzw. Desoxyribose-1-phosphat aus ist die Synthese von Nucleosiden und Nucleotiden möglich.

Vom Ribulose-5-phosphat führt ein anaerober Weg zu Hexosephosphat. Damit wird ein neuer cyclischer Stoffwechselweg erschlossen. Der erste Schritt auf diesem Weg ist die Bildung von D-Xylulose-5-phosphat über ein 2,3-Endiol aus dem D-Ribulose-5-phosphat.
Am Ribulose-5-phosphat greifen also zwei Enzyme an (*Isomerase* und *Epimerase*). Ribose-5-phosphat und Xylulose-5-phosphat sind die beiden Substrate der nachfolgenden Übertragungs- und Rekombinationsreaktionen.

Die *Transketolase-Reaktion* besteht in der Bildung von D-Sedoheptulose-7-phosphat und D-Glycerinaldehyd-3-phosphat. Die Spezifität der Transketolase ist nicht sehr hoch. Verschiedene phosphorylierte und freie Aldehyde dienen als Acceptoren für „aktiven" Glykolaldehyd, der von verschiedenen Ketoverbindungen als C_2-Bruchstück kommen kann.

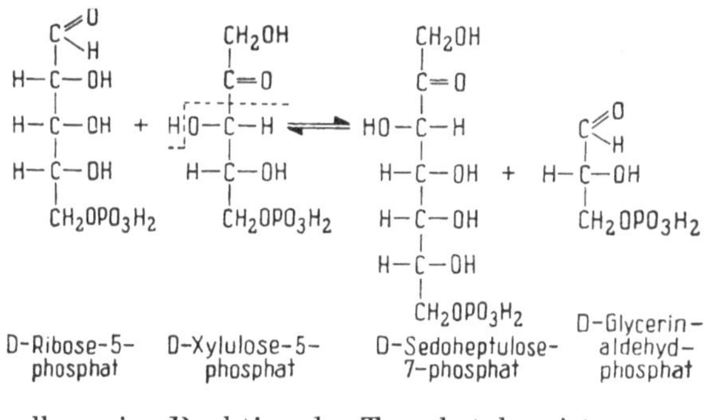

Die allgemeine Reaktion der Transketolase ist

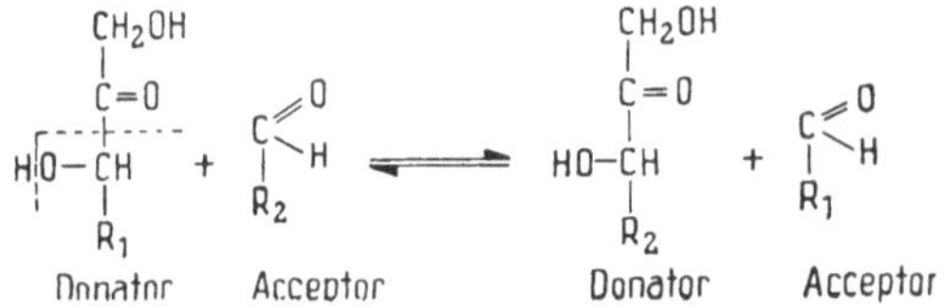

Als Coenzym dieser Reaktion fungiert Thiaminpyrophosphat. Als Zwischenverbindung entsteht eine Verbindung zwischen Thiaminpyrophosphat und Glykolaldehyd, analog dem „aktiven" Acetaldehyd.

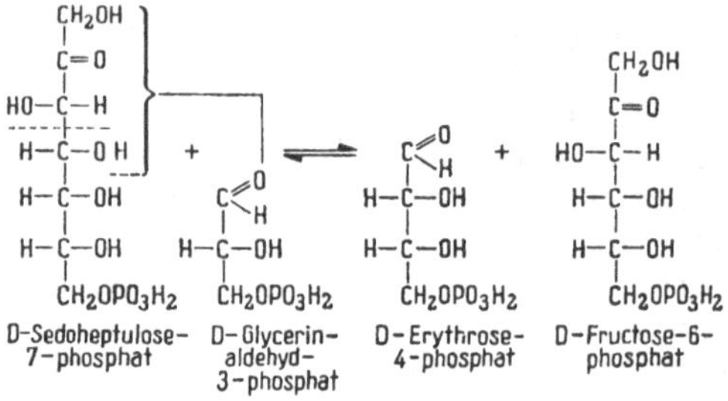

Die C_7- und C_3-Zucker reagieren in der *Transaldolase-Reaktion* miteinander und bilden D-Erythrose-4-phosphat und D-Fructose-6-phosphat. Wahrscheinlich ist an dieser Reaktion weder ein Coenzym noch ein Metallion beteiligt. Neben der phosphorylierten Sedopheptulose können Octulose-8-phosphat, Sorbose-6-phosphat und freie Fructose als C_3-Donatorsubstrate wirken. Als Acceptor-Substrate können neben D-Glycerinaldehyd-3-phosphat auch seine L-Form, freier Glycerinaldehyd und Ribose-5-phosphat dienen. In einer sich an die Transaldolasereaktion anschließenden zweiten Transketolasereaktion reagiert das D-Erythrose-4-phosphat mit einem weiteren D-Xylulose-5-phosphat-Molekül unter Bildung eines wei-

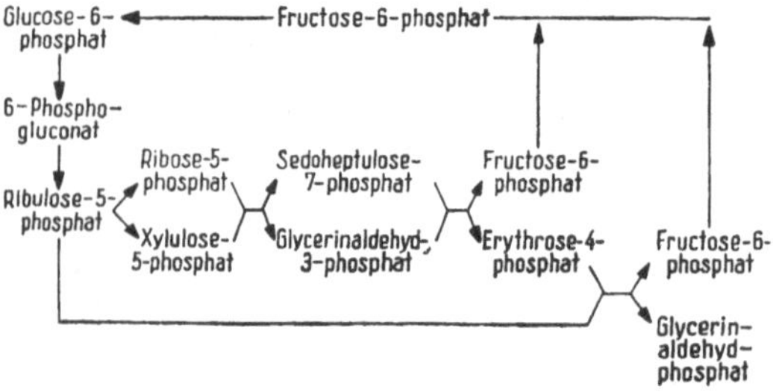

teren Moleküls D-Fructose-6-phosphat und D-Glycerinaldehyd-3-phosphat. Damit ist der Pentosephosphat-Cyclus geschlossen. Das auf anaerobe Weise aus Pentosephosphat gebildete Hexosephosphat und Triosephosphat mündet in die Glykolysekette ein.

Bilanz:

a) ausgehend vom Glucose-6-phosphat

$$3\,C_6\text{-Zucker} + 6\,NADP^+ = 2\,C_6\text{-Zucker} + 1\,C_3\text{-Zucker} + 3\,CO_2 + 6\,NADPH_2$$

b) ausgehend vom Pentosephosphat

$$3\,C_5\text{-Zucker} = 2\,C_6\text{-Zucker} + 1\,C_3\text{-Zucker}$$

1.5.1. Entner-Doudoroff-*Weg*

In Mikroorganismen (Pseudomonas, Xanthomonas, Azotobacter, Pilze, Protozoen) kommt entweder neben den oder statt der bisher besprochenen Abbauwege ein dritter hinzu. Diesen Organismen können Phosphofructokinase, Hexokinase oder Glycerinaldehyd-3-phosphat-Dehydrogenase fehlen.

Aus 6-Phosphogluconat entsteht über Zwischenstufen Brenztraubensäure und D-Glycerinaldehyd-3-phosphat.

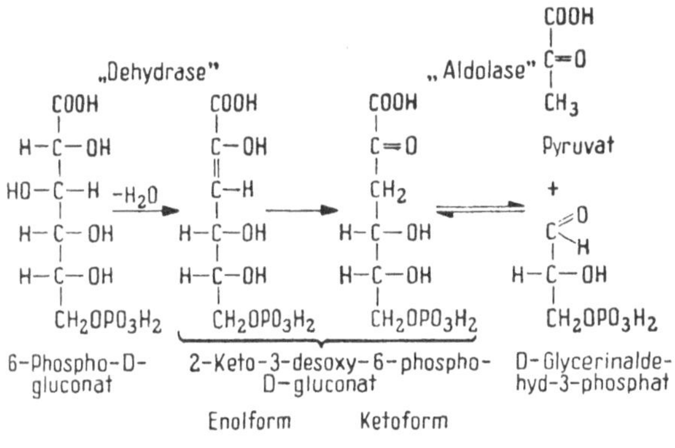

1.5.2. Anteil der einzelnen Wege am Abbau des Glucose-6-phosphates

Mit Hilfe von spezifisch entweder am C-Atom 1 oder am C-Atom 6 markierter Glucose (Messung des $^*CO_2$ und Untersuchung der Verteilung der Markierung in den Glycolysezwischenprodukten) war es möglich, den relativen Anteil dieser drei Wege beim Abbau des Glucose-6-phosphates festzustellen. Während in Leber und Hefe 70—90% des Glucose-6-phosphates durch die Glykolyse, der Rest über den direkten Oxydationsweg laufen, sind die Verhältnisse in der Augenlinse, Cornea, lactierenden Milchdrüse u. a. gerade umgekehrt. In *Azotobacter suboxydans* werden 100% direkt oxydiert, in Pseudomonas saccharophila wird die Glucose vollständig über den ENTNER-DOUDOROFF-Weg abgebaut.

1.5.3. Funktionelle Bedeutung des Pentosephosphat-Cyclus

Die Höhe des Glucoseumsatzes über den Pentosephosphat-Cyclus kann sehr verschieden sein. Sie hängt weitgehend vom $NADP^+$-Spiegel bzw. vom $NADP^+/NADPH_2$-Quotienten ab. Oxydation des $NADPH_2$, z. B. artefiziell durch Zusatz von Methylenblau und anderer Elektronen-acceptoren zu roten Blutzellen, steigert die Glucoseoxydation über den Pentosephosphat-Cyclus.

Die Bedeutung des Pentosephosphat-Cyclus liegt einmal in der Bereitstellung des überhaupt nur in wenigen Reaktionen gebildeten $NADPH_2$. Dieses reduzierte Pyridinnucleotid wird bei verschiedenen Synthesevorgängen, z. B. bei der Fettsäuresynthese gebraucht. Der hohe Anteil dieses Weges in der lactierenden Milchdrüse stellt demnach eine bedeutende Anpassung an besondere Anforderungen dar.

Eine andere Aufgabe liegt in der Bereitstellung von Pentosephosphaten aus Hexosephosphaten. Diese sind für die Synthese von Nucleotidcoenzymen sowie von Nucleinsäuren notwendig. Es ist wahrscheinlich, daß ein Teil der Pentosen durch Umkehrung des Cyclus aus Fructose-6-phosphat und D-Glycerinaldehyd-3-phosphat gebildet wird.

1.6. Synthese und Spaltung des Glykogens

Die Synthese dieses Polysaccharides geht vom Glucose-6-phosphat aus, das durch die Hexokinasereaktion entsteht. Die erste Umwandlung, die das Glucose-6-phosphat erleidet, ist die Bildung von Glucose-1-phosphat. Das hierfür verantwortliche Enzym ist die *Phosphoglucomutase*. Sie ist Mg^{++}-abhängig und braucht als wichtiges „Cosubstrat" *Glucose*-1,6-*diphosphat*. Die Reaktion stellt eine Phosphatübertragung dar, die der Phosphoglyceratmutase-Reaktion ähnlich ist (S. 14). Das katalytisch wirkende Glucose-1,6-diphosphat wird demnach ständig neu gebildet.

Das Enzymprotein der Phosphoglucomutase nimmt an dieser Phosphatübertragung teil; man hat es im phosphorylierten (P-Enzym) und im dephosphorylierten Zustand isolieren können. Die Phosphorsäure ist wahrscheinlich an die β-OH-Gruppe des Serins gebunden. Die Synthese des Glucose-1,6-diphosphates erfolgt auf zwei Wegen:

a) Hefe, Muskel und Pflanzen

$$\text{G-1-P} + \text{ATP} \xrightarrow[\text{Mg}^{++}]{} \text{G-1,6-P} + \text{ADP}$$

b) *Escherichia coli,* aber auch im Muskel

$$2\text{G-1-P} \rightleftharpoons \text{G-1,6-P} + \text{Glucose.}$$

Auch die phosphorylierte Phosphoglucomutase vermag G-1,6-P in kleiner Menge zu bilden.

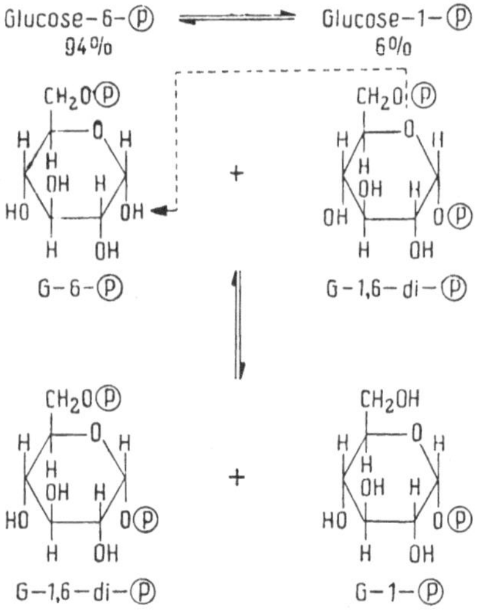

Vom *Glucose-1-phosphat* führt der Weg zum *Glykogen.* Hierfür gibt es zwei verschiedene Wege:

a) über *Uridindiphosphatglucosid*
b) unter Katalyse der *Phosphorylase.*

Den Weg über das Uridindiphosphatglucosid katalysieren die UDP-*Glucosid-Pyrophosphorylase*

UTP + α-D-Glucose-1-phosphat

⇌ UDP-Glucosid + Ⓟ—Ⓟ

und die *Glykogensynthetase* (UDP-*Glucose-α-Glucan-Glucosyltransferase)*

UDP-Glucosid + Startpolysaccharid

⇌ Startpolysaccharid-Glucosid + UDP

Das Gleichgewicht der Reaktion liegt stark auf der Seite der Glykogensynthese. Aus diesem Grunde nimmt dieses Enzym am Glykogenabbau nicht teil.

Das UTP wird ständig wieder mittels ATP regeneriert:

$$\text{UDP} + \text{ATP} \rightleftharpoons \text{UTP} + \text{ADP}.$$

Für jede Glucoseübertragung ist demnach ein Molekül ATP notwendig. Dieser Weg wurde im Taubenbrustmuskel, sowie im Skelettmuskel des Kaninchens gefunden. Die pflanzliche Stärkesynthese verläuft ähnlich der tierischen Glykogensynthese, jedoch scheint hierbei ADP-Glucose bedeutungsvoll zu sein. Für den Phosphorylaseweg der Glykogensynthese, der im Vergleich mit dem vorhergehend besprochenen, jedoch ohne Bedeutung ist, ist kein energiereiches Phosphat nötig.

Die *Phosphorylasereaktion* ist sehr wichtig für den Glykogenabbau in der Leber und der Muskulatur.

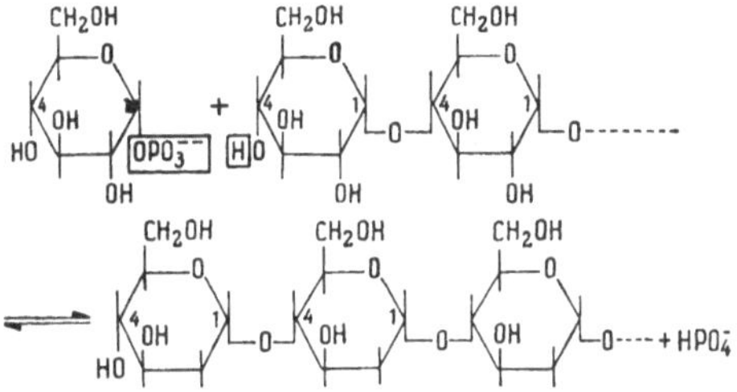

Bei der Synthese von Glykogen kommt es unter Phosphataustritt zu einer Anheftung des Glucosylrestes an das nichtreduzierende Ende (C-4 des endständigen Glucoserestes) des Keimpolysaccharides. Bei der Spaltung des Glykogens entstehen Glucose-1-phosphat und Glykogen, welches um eine Monosaccharid-Einheit ärmer ist.

Sowohl die Transglykosylase- als auch die Phosphorylase-Reaktion vermögen Polysaccharid-Ketten zu verlängern bzw. zu verkürzen. Der Hauptweg der Glykogen-Synthese wird durch die Transglykosylase und der Hauptweg des Glykogen-Abbaus durch die Phosphorylase katalysiert. Das Produkt der Phosphorylasereaktion,

Glucose-1-Phosphat (G-1-P), wird durch die Phosphoglucomutase in G-6-P umgewandelt. Damit ist der Anschluß an den allgemeinen Kohlenhydratstoffwechsel hergestellt (s. S. 9).

Die Phosphorylasen der Leber und Muskulatur haben einige hochinteressante Eigenschaften. Sie kommen in zwei verschiedenen Formen, einer aktiven (Phosphorylase a) und einer inaktiven Form (Phosphorylase b) vor. Diese beiden Formen können durch spezifische Mechanismen ineinander umgewandelt werden. Die *Muskelphosphorylase a* (Molgewicht 370000) wird durch eine spezifische Phosphatase, die Phosphat aus Phosphoseringruppen abspaltet und dabei das Molekül in zwei Hälften zerlegt, in die Phosphorylase b übergeführt. Letztere ist nur bei Anwesenheit von AMP aktiv. Die *Phosphorylase b* (MG 185000) besteht aus zwei Monomeren (92500) mit je einer AMP-Bindungsstelle (allosterischer Effektor). Die Rückverwandlung der b- in die a-Form erfolgt durch eine Mg^{++}-abhängige Kinase unter ATP-Verbrauch. 1 Mol Phosphorylase a enthält 4 Mole Phosphoserin und 4 Mole Pyridoxalphosphat. Dieses ist über seine Formylgruppe an Lysin-Reste des Enzym-Proteins gebunden. Die Entfernung dieser Gruppen bewirkt die Inaktivierung der Phosphorylase. Pyridoxalphosphat scheint kein Cofaktor dieses Enzyms zu sein, sondern ist für dessen Conformationszustand notwendig.

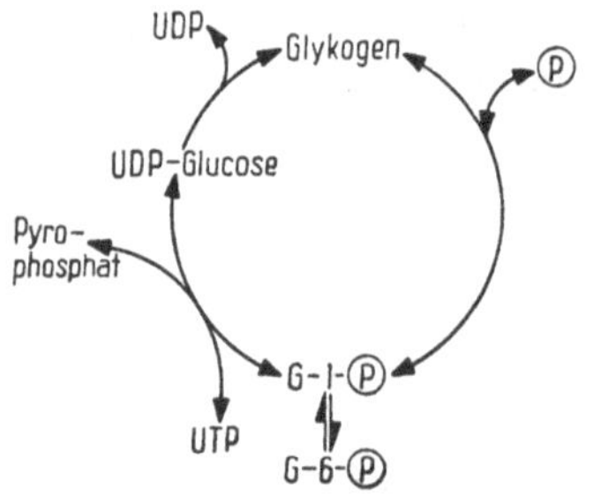

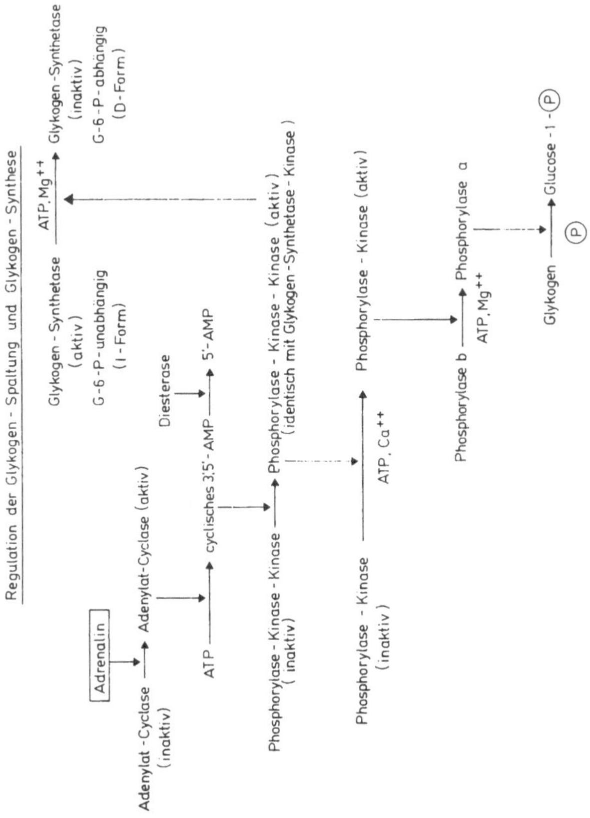

Die *Leberphosphorylase a* hat ein Molekulargewicht von 240000. Beim Übergang der a- zur b-Form kommt es zur Abspaltung von 2 Molen anorganischen Phosphates. Die b-Form ist auch inaktiv bei Anwesenheit von AMP. Das Reaktivierungssystem braucht Mg^{++}-Ionen und ATP.

Die Phosphorylasen aus Leber und Muskel haben gemeinsam, daß ihre Reaktivierung unter Kontrolle von cyclischem 3',5'-AMP steht. Dieses wird aus ATP unter der Katalyse einer *Cyclase,* die partikulär vorkommt, gebildet (Formel Teil I, S. 148).

Das 3',5'-AMP aktiviert eine Proteinkinase (Phosphorylase-Kinase-Kinase), die unter Phosphorylierung die Phosphorylase-Kinase aktiviert. Diese wiederum bewirkt die Rückverwandlung der b-Form zur a-Form.Die Cyclase-Reaktion wird in der Leber und Muskulatur durch Adrenalin gesteigert. Diese interessante Erscheinung war der erste bekanntgewordene Effekt eines Hormons auf ein enzymatisches System. Damit wurde die lange bekannte blutzuckersteigernde Wirkung des Adrenalins, deren Ursache die Glykogenmobilisierung in der Leber ist, in ihrem Feinmechanismus geklärt. Auch in der Muskulatur mobilisiert Adrenalin auf diese Weise Glykogen, wobei Milchsäure entsteht. Das blutzuckersteigernde Hormon Glucagon, welches in den α-Zellen des Pankreas gebildet wird, bewirkt ebenfalls eine Glykogenmobilisierung in der Leber, nicht aber im Muskel. Das Glucagon entfaltet seine Wirkung auch über die Förderung der Bildung von 3',5'-AMP, allerdings nur in der Leber. 3',5'-AMP wird als „*sekundärer Messenger*“, der für die *Realisierung der Hormonwirkung* verantwortlich ist, bezeichnet. Den beiden Phosphorylaseformen kommt eine wesentliche Bedeutung bei der Regulation des Glykogenstoffwechsels zu. Der ruhende Muskel enthält nur eine geringe Menge Phosphorylase a. Ständig aktive Muskeln, wie Herz und Zwerchfell, enthalten 70% und mehr Phosphorylase a. Wie das Schema zeigt, phosphoryliert die o. g. Proteinkinase die Glykogensynthetase, die dabei aktiviert wird. Ein und derselbe Mechanismus verriegelt demnach gleichzeitig die Glykogensynthese und öffnet die Glykogenspaltung.

Neben den Polysaccharid-Phosphorylasen existieren mehrere Disaccharid-Phosphorylasen, die für die Disaccharid-Synthese verantwortlich sind. Eine davon ist die

Saccharose-Phosphorylase (Pseudomonas, Leuconostoc)

$$\text{Glucose-1-P} + \text{Fructose} \rightleftharpoons \text{Saccharose} + \textcircled{P}$$

Außerdem gibt es Disaccharid-Synthese-Wege, die Uridinphosphat-Zucker-Derivate als Substrate brauchen. Von besonderer Bedeutung ist dabei die Lactosesynthetase:

UDP-Galaktose + Glucose

⇋ Lactose + UDP

Auf diese Weise entsteht Lactose in der lactierenden Milchdrüse.

1.6.1. Allgemeine Bemerkungen über „Phosphatübertragungen“

Man spricht häufig von „Phosphatübertragung“, ohne sich darüber im klaren zu sein, ob tatsächlich eine Phosphatgruppe oder eine „Phosphorylgruppe“ an der Übertragungsreaktion teilnimmt.

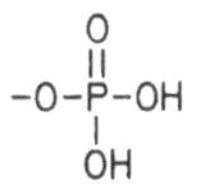

Phosphatgruppe

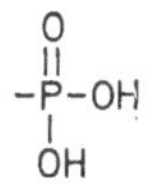

Phosphorylgruppe

Wichtig ist, daß die Kinasen (Transphosphorylasen), Pyrophosphokinasen (fettsäureaktivierende Enzyme), Phosphomutasen, einige Phosphorylasen und Phosphatasen phosphorylgruppenübertragende Enzyme sind. Sie wirken nach folgender allgemeiner Gleichung:

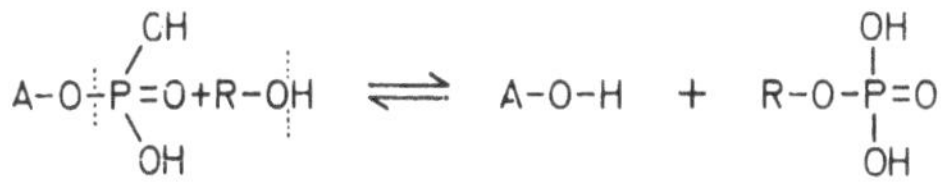

A: Monosaccharide, Nucleotide
R: verschiedene organische Moleküle

Im Falle der einfachen Phosphorylasen (z. B. der Muskel- und Saccharose-Phosphorylase) kommt es zu einer Phosphatübertragung nach der Gleichung:

$$\text{Glucosyl-OPO}_3\text{H}_2 + \text{Glykogen} \rightleftharpoons \text{Glykogen-O-Glucosyl} + \text{H-OPO}_3\text{H}_2$$

1.6.2. Spaltung der 1,6-glycosidischen Bindung

Die Phosphorylase vermag nur 1,4-glykosidische Bindungen phosphorolytisch zu spalten. Sie macht an den 1,6-glykosidischen Bindungen halt. Diese werden durch die *Amylo*-1,6-*glucosidase* spezifisch hydrolysiert. Dadurch wird die weitere Spaltung des Glykogenmoleküls durch die Phosphorylase ermöglicht.

Neben dem phosphorolytischen Spaltungsweg gibt es in der Leber auch eine α-Amylase, die Glykogen hydrolytisch zerlegt. Ihre Bedeutung scheint darin zu bestehen, daß sie Keimpolysaccharidmoleküle für die Glykogensynthese liefert. Eine ebenfalls in der Leber vorkommende Glucoamylase (γ-Amylase) spaltet von den Seitenketten Glucosereste ab und hinterläßt ein Grenzdextrin.

Der Glykogenabbau vollzieht sich demnach mittels der Phosphorylase und der Amylo-1,6-glucosidase. Das bei der phosphorolytischen Spaltung entstehende Glucose-1-phosphat reagiert an der Phosphoglucomutase weiter und bildet Glucose-6-phosphat. In der Leber greift an diesem Substrat die Glucose-6-phosphatase an, die die Glucose unter Abspaltung von anorganischem Phosphat in Freiheit setzt. Die freie Glucose wird von der Leber in das Blut abgegeben. Die Leberzellmembran stellt für das freie Monosaccharid kein Permeabilitätshindernis dar, sie läßt jedoch phosphorylierte Verbindungen nicht durchtreten.

1.6.3. Entstehung der Verzweigungen im Glykogen

Glykogen ist wie Amylopektin ein verzweigtes Polysaccharid. Es weist jedoch einen höheren Verzweigungsgrad und kürzere Seitenketten auf als Amylopektin. Es gibt unterschiedliche Glykogenfraktionen in den Leber- und Muskelzellen. Ihre Molgewichte liegen zwischen 1—4 Millionen. An den Verzweigungsstellen befinden sich 1,6-glykosidische Bindungen.

Die Verzweigungen entstehen auf folgende Weise: An den durch die UDP-Transglykosylase verlängerten Ketten greift das *„verzweigend wirkende Enzym"* an, das fähig ist, 1,6-Bindungen zu knüpfen. Dies erfolgt, indem dieses Enzym 1,4-Bindungen in einem gewissen Abstand vom Ende der Seitenkette löst und diesen Teil der Seitenkette nach „hinten" überträgt und dort eine 1,6-Bindung knüpft. Das „verzweigend wirkende Enzym" ist also seinem Mechanismus nach eine Transglykosylase.

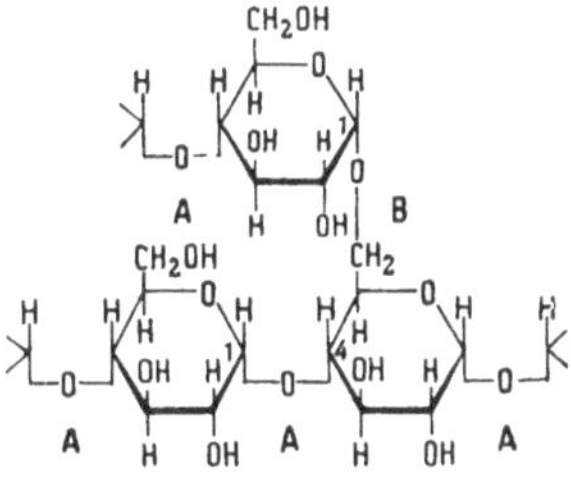

A = 1,4'α – glykosidische Bindung
B = 1,6'α – glykosidische Bindung

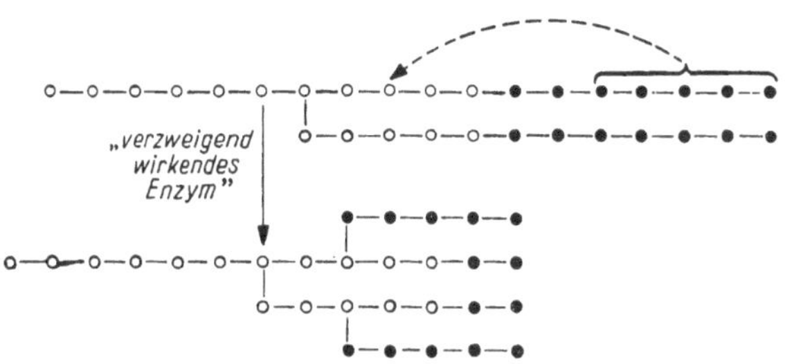

1.6.4. Anomalien des Glykogenstoffwechsels

Es gibt verschiedene Typen einer vererbbaren *Glykogenspeicherkrankheit,* die in Ablagerungen von Glykogen in den Organen bestehen. Der hepatische Typ (von GIERKE) äußert sich in einer Vergrößerung der Leber, niedrigem Blutzuckerspiegel sowie in einer Wachstumshemmung. Es kommt zu Ablagerungen großer Mengen Glykogen in der Leber. Ein spezifischer Enzymdefekt besteht im Fehlen der Glucose-6-phosphatase. Beim sogenannten muskulären Typ kommt es zu Glykogenablagerungen in der Muskulatur, vorwiegend im Herzen.

Die verschiedenen Typen unterscheiden sich im Mangel folgender Enzymaktivitäten: Amylo-1,6-glucosidase, Transglykosylase, Phosphorylase in Leber und Muskulatur sowie α-Glucosidase. Es ist auch eine vererbbare *Glykogenmangelkrankheit,* die auf einem Mangel an *Glykogensynthetase* beruht, bekannt geworden.

1.7. Hydrolytische Spaltungen der Di- und Polysaccharide

1.7.1. Disaccharidspaltende Hydrolasen:

Früher war man der Meinung, daß jedes Disaccharid sein eigenes spaltendes Enzym besitzt. Danach sollte es verschiedene Disaccharidasen, wie Maltase, Lactase, Saccharase usw. geben. Später wurde jedoch gefunden, daß unter diesen Enzymen Spezifitäten anderer Art bestehen: Ihre Spezifität erstreckt sich nämlich sowohl auf das an der Bindung beteiligte, das acetalische Hydroxyl liefernde Monosaccharid als auch darauf, ob das betreffende Monosaccharid α- oder β-glykosidisch gebunden ist. Daneben spielt die Größe des heterocyclischen Ringes (Pyranose oder Furanose) eine Rolle. Man unterscheidet u. a.:

α-Glukosidase, *β-Glucosidase*, *β-Galaktosidase* und *β-Fructosidase*. Diese Enzyme sind in der Natur weit verbreitet. Beim höheren Tier kommen einige davon nur im Verdauungstrakt vor: α-Glucosidase, β-Galaktosidase und α-1,6-Glucosidase. Interessant ist z. B. daß der Rohrzucker, der ein α-Glucosido-β-fructosid ist, durch zwei Enzyme unterschiedlicher Spezifität gespalten werden kann: α-Glucosidase (Darm) und β-Fructosidase (Invertase, Hefe).

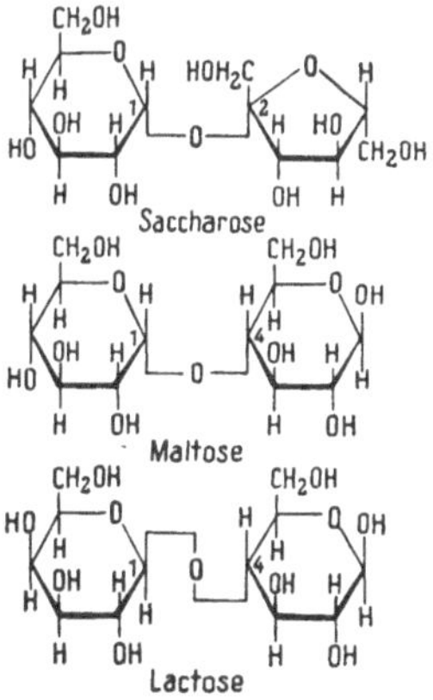

Das allgemeine Schema der *Glykosidase-Wirkung* ist:

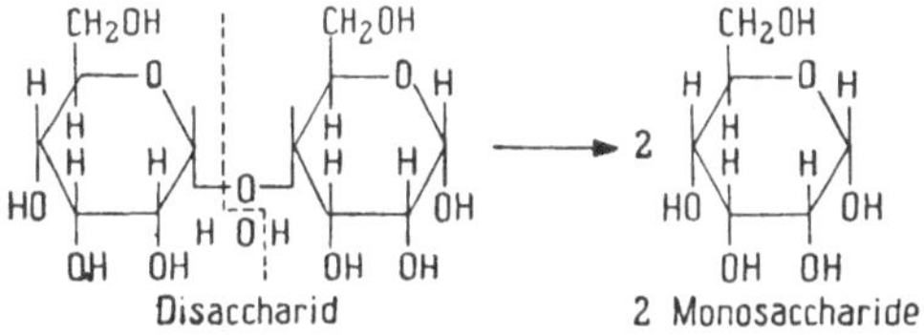

Für die β-Fructosidase aus Hefe wurde bei der Saccharosespaltung folgender Reaktionsmechanismus wahrscheinlich gemacht:

1. Fructosyl-O-glucosyl + Enzym-OH
$\rightleftharpoons$ Fructosyl-O-Enzym + Glucose

2. Fructosyl-O-Enzym + H_2O
$\rightarrow$ Fructose + Enzym-OH

Für viele Glykosidasen dieser Art wurde eine Transglykosidasefunktion bei Anwesenheit eines geeigneten Acceptors ROH nachgewiesen. Statt Reaktion 2) läuft in diesem Falle ab

3. Fructosyl-O-Enzym + ROH
$\rightleftharpoons$ Fructosyl-O-R + Enzym-OH.

R kann ein anderes Mono- oder Disaccharid sein. Auf diese Weise sind Synthesen von Tri-, Oligo- und Polysacchariden möglich (Pflanzen).

Lange bekannt ist die Spaltung des Glykosides Amygdalin (bittere Mandeln) mittels des aus süßen Mandeln stammenden Hydrolasegemisches Emulsin. Die im Emulsin vorhandene β-Glucosidase spaltet Amygdalin in zwei Mole Glucose und ein Molekül D-Mandelsäurenitril. Dieses zerfällt danach weiter in Benzaldehyd und Blausäure.

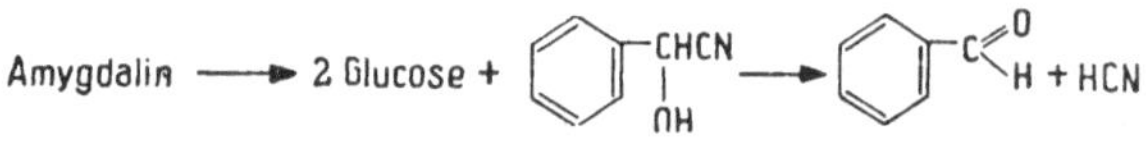

1.7.2. β-Glucuronidasen:

Diese sind im Tier- und Pflanzenreich weit verbreitet. Sie spielen eine Rolle beim Abbau der Mucopolysaccharide (s. d.), weiterhin bei der Hydrolyse der β-Glucuronide von Alkoholen, Phenolen und mancher Fettsäuren, die im Harn oder in der Gallenflüssigkeit ausgeschieden werden (Steroidhormone, Bilirubin, Arzneimittel, Gifte usw.). Die Glucuronide sind Ausscheidungs- und Entgiftungsprodukte dieser Substanzen.

1.7.3. Polysaccharidspaltende Hydrolasen:

Diese Enzyme werden unter dem Namen *Amylasen* zusammengefaßt. Sie spalten *Stärke (Amylase, Amylopektin)* und *Glykogen.* Nach ihrem Angriffsort im Polysaccharidmolekül unterscheidet man hauptsächlich zwei verschiedene Amylasen: *α-* und *β-Amylase.* α-Amylase kommt im Gerstenmalz, Speichel, Pankreas und vielen Mikroorganismen vor. Sie ist ein Verdauungsenzym. Sie spaltet Glykosidbindungen hydrolytisch im Innern des Polysaccharidmoleküls (Endoamylase). Damit ist sie in der Lage, rasch eine „Verflüssigung" des Polysaccharids zu erreichen (dextrinogene Amylase). Bei Einwirkung auf Amylose wird diese vollständig zu Maltose gespalten. Amylopektin und Glykogen liefern neben der Maltose noch die von den Verzweigungsstellen stammende 1,6-Isomaltose. (Letztere wird durch die 1,6-Glucosidase in zwei Glucoseeinheiten zerlegt).

Das Molgewicht der α-Amylase beträgt etwa 50000. SH-Gruppen scheinen an der Reaktion nicht beteiligt zu sein.

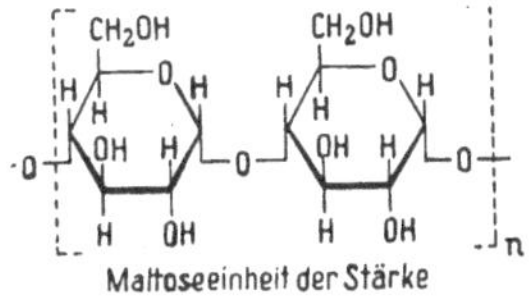

Maltoseeinheit der Stärke

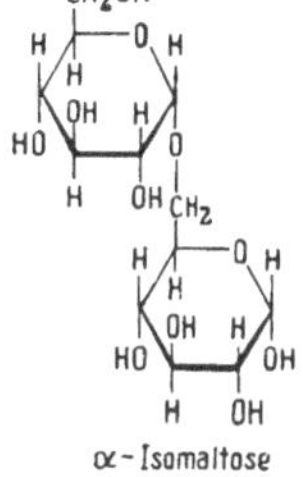

α-Isomaltose

Inaktivierung des Enzyms tritt ein, wenn 50% der NH_2-Gruppen substituiert werden. Auch Tyrosingruppen scheinen für die Aktivität dieses Enzyms verantwortlich zu sein. Die α-Amylasen enthalten Ca^{++}, welches für ihre Aktivität notwendig ist. Die α-Amylase aus B. subtilis enthält Zink. Die α-Amylasen des Speichels und des Pankreas werden durch Cl^--Ionen aktiviert.

Die *β-Amylase* kommt vorwiegend im Pflanzenreich vor. Sie spaltet vom Polysaccharid Schritt für Schritt Maltoseeinheiten von den Kettenenden herab (saccharogene Amylase, Exoamylase). Bei der Hydrolyse der α-glykosidischen Bindungen tritt vorübergehend β-Maltose auf, die durch Mutarotation erkennbar wird. Amylose wird vollständig zu Maltose, Amylopektin und Glykogen bis zu den Verzweigungsstellen unter Rücklassung eines sogenannten Grenzdextrins hydrolysiert. Die Spaltung der verzweigten Polysaccharide kann erst durch die β-Amylase fortgesetzt werden, wenn die Verzweigungsstellen durch eine Amylo-1,6-glucosidase gelöst wurden. Die β-Amylasen scheinen einfache Proteine zu sein, es gibt im Gegensatz zur α-Amylase keinerlei Hinweise auf notwendige Cofaktoren.

Neben den α- und β-Amylasen gibt es γ-Amylasen. Diese Enzyme sind Exoamylasen, die nicht Maltose, sondern Glucoseeinheiten von den Kettenenden der Polysaccharide her abspalten. Sie werden auch als Glucoamylasen bezeichnet. Sie kommen in Mikroorganismen, aber auch in der Leber vor.

1.7.4. Stoffwechsel der Cellulose

Cellulose kommt hauptsächlich in Pflanzen als Gerüstsubstanz vor, wird aber auch im Tierreich bei einigen Manteltieren (Tunicaten) gefunden. Dieses Polysaccharid bildet sehr lange Ketten mit Molekulargewichten von

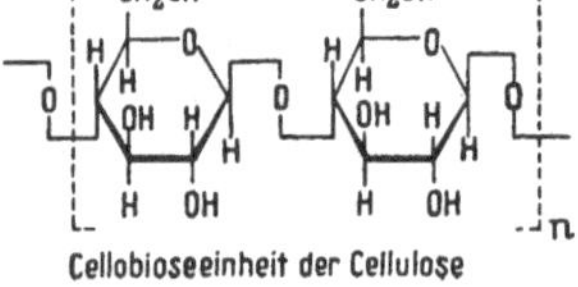

Cellobioseeinheit der Cellulose

mehreren Hunderttausend. Sie ist aus Glucose aufgebaut, die in 1,4-Stellung β-glykosidisch miteinander verbunden ist. Die Disaccharideinheit der Cellulose ist Cellobiose (1,4-β-Glucosido-glucose). Säugetiere enthalten keine Enzyme, die dieses Polysaccharid zu spalten vermögen. Solche Enzyme kommen als hydrolytisch wirkende Cellulasen in Bakterien vor. Als Bewohner des Gastrointestinaltraktes tragen einige Bakterien dazu bei, daß die Cellulose auch für höhere Tiere als Nahrungskohlenhydrat dienen kann (Wiederkäuer). Produkte des Celluloseabbaues sind Kohlendioxyd, Alkohol und organische Säuren. Für den Menschen spielt die Cellulose als Nahrungskohlenhydrat keine Rolle. In den Verdauungssäften von Insekten und Mollusken wird die Cellulose gespalten.

1.8. Der Kohlenhydratstoffwechsel des Gesamtorganismus und seine Regulation

Trotz der *hohen Umsatzgeschwindigkeit* der Kohlenhydrate im Organismus weist der Blutzuckerspiegel der Säugetiere eine erstaunlich *hohe Konstanz* auf. Im Blut beträgt er etwa 80 mg pro 100 ml. In der Pfortader jedoch schwankt der Glucosegehalt beträchtlich je nach der Menge der zu verschiedenen Zeiten aufgenommenen Nahrungskohlenhydrate. Er kann bis zu 400—600 mg/100 ml Blut erreichen. Die Konstanz des Blutzuckerspiegels im peripheren Blut und der übrigen extrazellulären Flüssigkeit jenseits der Leber verdeutlicht die vielfältigen Einflüsse dieses Organes auf die verschiedenen Reaktionen des Kohlenhydratstoffwechsels, sowohl auf die glucoseliefernden als auch auf die glucoseverbrauchenden Prozesse. Als *glucoseliefernde Prozesse* sind zu nennen: 1. Resorption im Darm, 2. Glykogenspaltung in der Leber, 3. Glucoseneubildung.

Als *glucoseverbrauchende Prozesse* sind wichtig: 1. die Oxydation der Glucose in Muskulatur und anderen peripheren Geweben. 2. die Glykogensynthese in Leber und im Fettgewebe. 4. Die Bildung von Lactat in der Muskulatur.

Die Konstanz des Blutzuckers ist von großer biologischer Bedeutung. Bei Erniedrigung (Hypoglykämie), die durch erhöhten Verbrauch oder verminderte Nachlieferung zustande kommen kann, besteht die akute Gefahr einer Schädigung des auf Glucosenahrung angewiesenen Zentralnervensystems, die mit tiefer Bewußtlosigkeit einhergeht und irreversibel sein kann. Eine Hyperglykämie verursacht infolge Überschreitung der Rückresorptionskapazität der Niere, die bei Blutzuckerwerten oberhalb 160—180 mg/100 ml Blut auftritt, Verluste dieses biologisch wichtigen Stoffes.

Die angeführten Anomalien des Blutglucosespiegels und ihre Folgen demonstrieren die große Bedeutung der Regulationsmechanismen des Blutzuckerspiegels.

Eine wichtige Rolle für die Konstanz des Glucosegehaltes im Blut spielt die *Leber*. Diese hat eine Glättungsfunktion, indem sie den diskontinuierlichen Zustrom der Glucose aus dem Darm in einen kontinuierlichen, auf konstantem Niveau befindlichen Strom verwandelt. Die Leber paßt sich in ihrem Kohlenhydratstoffwechsel dem Blutglucosespiegel autoregulatorisch an. Bei erhöhter Blutglucosekonzentration nimmt die Leber vermehrt Glucose auf und fixiert diese im Glykogen. Bei sinkender Blutzuckerkonzentration mobilisiert sie Glykogen oder verstärkt die Gluconeogenese und setzt Glucose mittels der Glucose-6-phosphatase aus dem Glucose-6-phosphat in Freiheit. Mit Hilfe dieser gegenläufigen Prozesse besitzt die Leber eine homöostatische Funktion auf den Glucosespiegel. Für die Glucosefixierung steht in der Leber die Glucokinase (S. 9) im Vordergrund, die eine verhältnismäßig niedrige Affinität zur Glucose besitzt (MICHAELIS-Konstante 10 mM). Die Glucosekonzentration des Blutes (normalerweise $\sim$ 5 mM) hat den Gesetzen der Enzymkinetik entsprechend Einfluß auf die Geschwindigkeit der Glucose-6-phosphat-Bildung (s. Teil II, S. 23). Bei Hyperglykämie wird die Aktivität der Glucokinase gesteigert, bei Hypoglykämie sinkt sie hingegen unter den Normalwert ab. Die Glucokinase der Leber ist demnach ein Enzym mit einer regulatorischen Funktion für den Blutglucosespiegel.

Neben dieser Funktion der Leber spielen die peripheren Organe, besonders die *Muskulatur*, eine bedeutende Rolle im Kohlenhydratstoffwechsel. Sie sind vor allem als glucoseverbrauchende Gewebe wichtig.

Die Funktion der Organe bei der Aufrechterhaltung des Blutglucosespiegels wird verfeinert und gesteuert durch die Wirkungen von Hormonen. Als bedeutende endokrine Drüsen fungieren hierbei das *Pankreas*, die *Nebennierenrinde*, der *Hypophysenvorderlappen* und das *Nebennierenmark*.

Insulin, das Hormon der β-Zellen der LANGERHANSschen Inseln des Pankreas, senkt als einzigstes Hormon den Blutzuckerspiegel. Seine Wirkungen erstrecken sich auf die Muskulatur und das Fettgewebe sowie auf die Leber. Das Insulin hat bei gleichzeitiger Anwesenheit von Kohlenhydrat in der Leber eine glykogenostatische Wirkung, indem es sowohl die Glykogenolyse als auch die Neubildung von Glykogen hemmt. Die Ursache der Hemmung der Gluconeogenese ist die hemmende Wirkung des Insulins auf den Eiweiß- und Aminosäureabbau (antikatabolische Wirkung).

In neuerer Zeit konnte nachgewiesen werden, daß es bei Insulinmangel zu einem Ausfall der Aktivität der Glucokinase und der Glykogensynthetase in der Leber kommt. Auch bei längerem Hunger nimmt die Aktivität der Glucokinase beträchtlich ab. Insulin hat allem Anschein nach eine spezifisch steigernde Wirkung auf die de-novo-Synthese dieser beiden Enzyme in der Leber. Da die Proteinsynthese zu den relativ langsamen Prozessen im Organismus gehört, wird damit auch die verzögert eintretende Insulinwirkung in der Leber einer molekularen Erklärung zugeführt.

Demgegenüber setzt die Insulinwirkung in der Muskulatur sehr rasch ein. Hier hat dieses Hormon eine steigernde Wirkung auf die Verwertung der Glucose. Insulin steigert die Glykogenbildung im Muskel und die Glucoseoxydation. Der Feinmechanismus der Insulinwirkung im Muskel ist vor allem in der Erhöhung der Membranpermeabilität für Glucose zu suchen. Bei Insulinmangel scheint die Eintrittsgeschwindigkeit der Glucose in die Muskelzelle begrenzend für die Glucoseverwertung zu sein. Bei der durch Insulin hervorgerufenen Permeabilitätserhöhung kommt es zu einem Auftreten von freier Glucose in den Muskelzellen bei gleichzeitiger Steigerung ihrer Verwertung. Dies zeigt, daß unter solchen Bedingungen andere Faktoren für die Glucoseverwertung begrenzend werden.

Auch die Hormone der Nebennierenrinde, die den Kohlenhydratstoffwechsel beeinflussen (glucocorticoide Hormone: *Hydrocortison*, *Cortison*, *Corticosteron*), haben eine Wirkung auf die Leber und die Muskulatur. Diese Hormone sind die wahren Antagonisten des Insulins. Ihre steigernde Wirkung auf den Blutzuckerspiegel ist erstens auf die durch sie hervorgerufene Erhöhung der Gluconeogenese in der Leber und zweitens auf ihren hemmenden Effekt auf die Glucoseverwertung in der Peripherie zurückzuführen. Sie steigern den Eiweißkatabolismus in der Leber und begünstigen dadurch die Glucoseneubildung. Unter dem Einfluß dieser Hormone kommt es auch zu einer Erhöhung der Glucose-6-phosphatase-Aktivität, wodurch die Glucoseabgabe durch die Leber eine zusätzliche Förderung erfährt (näheres s. Teil IV).

In der Peripherie hat die Nebennierenrinde eine glucostatische Funktion, indem sie die Glucoseoxydation und die Glykogenbildung hemmt. Es scheint, daß die glucocorticoiden Hormone der Nebennierenrinde die Phosphorylierungsgeschwindigkeit der Glucose beeinflussen. Jedoch sind diese Beziehungen noch nicht vollständig geklärt.

Der Hypophysenvorderlappen produziert zwei Hormone, die eine Wirkung auf den Kohlenhydratstoffwechsel haben, das *adrenocorticotrop(h)e* und das *somatotrop(h)e*

Hormon. Das erste Hormon (ACTH) wirkt auf indirekte Weise auf den Kohlenhydratstoffwechsel ein, indem es die Tätigkeit der Nebennierenrinde kontrolliert und stimuliert. Es hat also eine antagonistische Wirkung zum Insulin. In einem pankreaslosen Tier können unter geeigneten Bedingungen die Symptome des Insulinmangels (Diabetes mellitus) durch Entfernung der Nebennierenrinde (LONG-Tier) oder des Hypophysenvorderlappens (HOUSSAY-Tier) gemildert bzw. zum Verschwinden gebracht werden. Dieser Zustand ist jedoch durch hohe Labilität und große Anfälligkeit, z. B. gegen mangelhafte Kohlenhydratzufuhr, gekennzeichnet. Das somatotrope Hormon (Wachstumshormon, STH) hat eine teils antagonistische, teils synergistische Wirkung zum Insulin. Es hemmt die Glucoseverwertung in der Peripherie und fördert die Ketonkörperbildung in der Leber, hemmt aber, ähnlich dem Insulin, die Gluconeogenese. Es wirkt jedoch nicht antikatabolisch auf das Eiweiß, sondern hat eine äußerst wichtige anabole Wirkung auf den Eiweißstoffwechsel. Die fördernde Wirkung des Wachstumshormons auf die Proteinsynthese verursacht eine Stimulierung auch der Insulinsynthese im Pankreas.

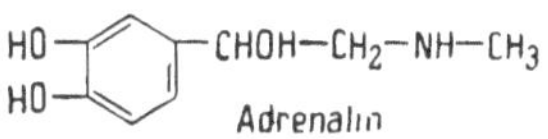

Adrenalin

Außerdem sind noch die Funktionen des *Adrenalins* und des *Glucagons* im Kohlenhydratstoffwechsel zu besprechen. Adrenalin wird im Nebennierenmark gebildet und hat eine steigernde Wirkung auf den Blutzuckerspiegel. Es wird bei erniedrigtem Blutzuckerspiegel verstärkt ausgeschüttet. Es wirkt mobilisierend auf das Glykogen der Leber und des Muskels. In der Leber führt dies zu einer verstärkten Glucoseabgabe, in der Muskulatur infolge Fehlens der Glucose-6-phosphatase zu einer erhöhten Milchsäurebildung. Nettomäßig kommt es durch das Adrenalin über die Blutmilchsäure zu einer Verschiebung des Glykogens aus dem Muskel in die Leber (CORI-Cyclus). Adrenalin steigert sowohl in der Leber als auch in der Muskulatur die Umwandlung der inaktiven Formen der Phosphorylase (b-Form) in ihre aktive Form (Phosphorylase a). Glucagon ist ein Produkt der α-Zellen des Pankreas. Dieses Hormon besitzt Polypeptidnatur und steigert wie das Adrenalin den Blutglucosegehalt. Glucagon wirkt allerdings nur auf die Leber. Hier fördert es, ähnlich dem Adrenalin, die Umwandlung der Phosphorylase b zur Phosphorylase a (s. S. 42ff).

1.9. Polysaccharide mit anderen Bausteinen („Mucopolysaccharide")

In der Natur gibt es sogenannte zusammengesetzte Polysaccharide, die neben ihrer Kohlenhydratkomponente andere Bestandteile, wie Glucuron- und Galakturonsäure, Essigsäure, Aminozucker, Schwefelsäure, Aminosäuren sowie seltene Monosaccharide oder Monosaccharidderivate (z. B. Desoxyzucker), enthalten. Diese Stoffgruppe ist verhältnismäßig heterogen; einige Substanzen sind durch hohe Spezifität in Struktur und Funktion ausgezeichnet.

Im einzelnen sind sie

1. Bestandteile des Binde- und Stützgewebes
2. Schleimstoffe mit Gleit- und Schutzfunktionen
3. Blutgruppensubstanzen
4. Bestandteile der Membranen von Bakterien. In dieser Eigenschaft können sie als Antigene wirken und eine Antikörperreaktion auslösen.
5. blutgerinnungshemmende Substanzen (Heparin)
6. Wachstumsfaktoren bestimmter Bakterien (Bifidus-Faktor).

Ein Teil von ihnen kommt eng vergesellschaftet mit Proteinen vor. Ihrer schleimigen Beschaffenheit entsprechend bezeichnet man sie dann als Mucoproteide oder Mucoide.

Man teilt sie in neutrale und saure Mucopolysaccharide ein, je nach dem ob sie im Molekül Uronsäuren bzw. Schwefelsäure enthalten oder nicht.

Zu den sauren Mucopolysacchariden gehören Hyaluronsäure, Chondroitinschwefelsäure, Heparin und die Bakterienpolysaccharide. Zu den neutralen Mucopolysacchariden zählt man die Blutgruppensubstanzen und den Bifidus-Faktor.

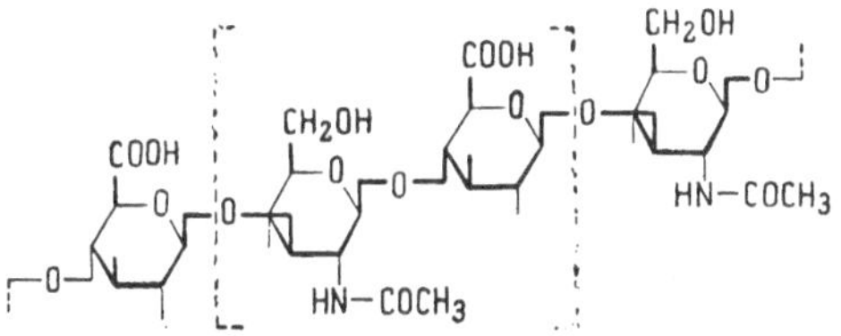

Hyaluronsäure

1.9.1. *Hyaluronsäure*

Die *Hyaluronsäure* kommt in der Nabelschnur, dem Glaskörper des Auges, der Synovialflüssigkeit, der Grundsubstanz des Bindegewebes, der Kapillarwand und als Kittsubstanz für die Granulosazellen von Eizellen vor. Sie bildet hochvisköse Lösungen. Die Ursache hierfür ist, daß ihre Moleküle hochpolymer, langkettig und unverzweigt sind. Hyaluronsäure wird durch Hyaluronidase gespalten. Das Enzym kommt in Bakterien ("spreading-factor") und in den Spermatozoen vor. Als Spaltprodukt der Hyaluronsäure durch Hyaluronidase entsteht die Hyalubiuronsäure (β-Glucuronsäure-1,3-N-acetylglucosamin). Dieses Disaccharid kann durch β-Glucuronidase weiter gespalten werden. Die makromolekulare Hyaluronsäure ist das polymere Produkt der Hyalubiuronsäure. Diese Disaccharideinheiten sind durch 1,4-Bindungen miteinander verbunden.

1.9.2. Stoffwechsel der Glucuronsäure und des N-Acetylglucosamins

Glucuronsäure entsteht aus Glucose:

Glucose-1-phosphat + UTP → UDP-Glucosid + Ⓟ—Ⓟ

UDP-Glucosid + NAD^+ (bzw. $NADP^+$) →

UDP-Glucuronsäure + $NADH_2$ (bzw. $NADPH_2$).

Aus der UDP-Glucuronsäure können die zusammengesetzten Polysaccharide synthetisiert oder die Ausscheidungsprodukte von Steroidhormonen oder Bilirubinglucuronid gebildet werden. Auch Ascorbinsäure (Vitamin C) kann aus UDP-Glucuronsäure gebildet werden.

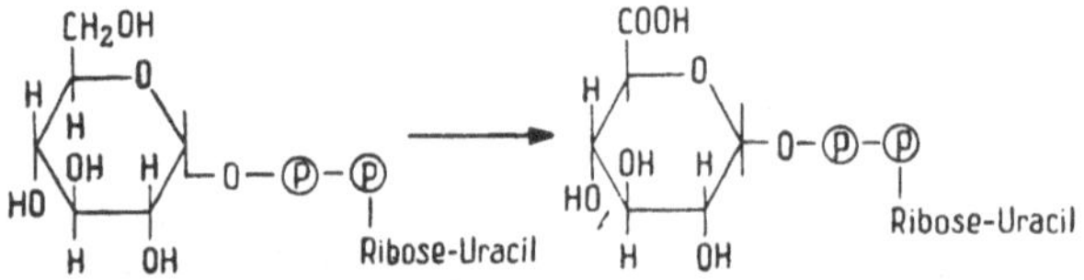

Glucosamin entsteht aus Fructose-6-phosphat und Glutamin.

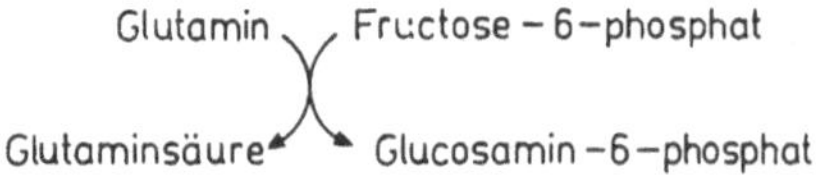

Bei der Synthese von N-Acetylglucosamin wird Acetyl-CoA verbraucht. Das dabei gebildete N-Acetylglucosamin-

6-phosphat steht im Gleichgewicht mit dem entsprechenden 1-Phosphat-Ester (Mutase). Danach tritt folgende Reaktion ein:

UTP + N-Acetylglucosamin-1-phosphat →
UDP-N-acetyl-glucosamin + Ⓟ — Ⓟ

Von diesem UDP-Derivat führt dann der Weg zu den zusammengesetzten Polysacchariden.

1.9.3. Chondroitinschwefelsäure

Chondroitin ist analog zur Hyaluronsäure aufgebaut, d. h. sie enthält alternierend 1,3- und β-1,4-Bindungen.

Pro Disaccharideinheit (Glucuronsäure-N-acetylgalaktosamin) enthält sie eine H_2SO_4-Gruppe. Das Molgewicht beträgt etwa 250000. Die Chondroitinschwefelsäure findet man reichlich im Knorpel und im Bindegewebe (Haut, Sehnen, Herzklappen, Gefäßwände). Sie kommt eng vergesellschaftet mit Eiweiß vor. Man unterscheidet mehrere Typen dieser Substanz.

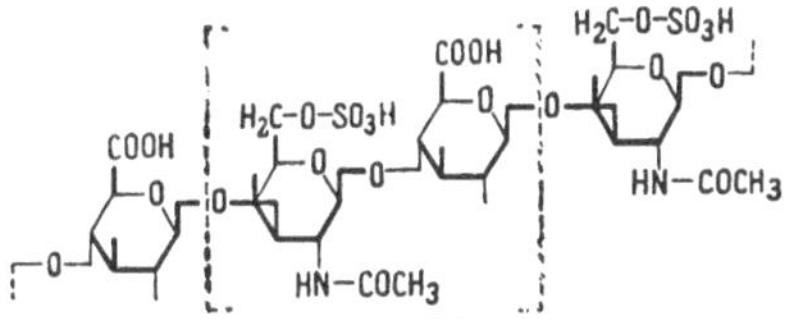

Chondroitinschwefelsäure

1.9.4. Heparin

Das Heparin hemmt die Blutgerinnung, indem es die autokatalytische Umwandlung des Prothrombins zum Thrombin hemmt, aber auch als Antithrombin wirkt, d. h.

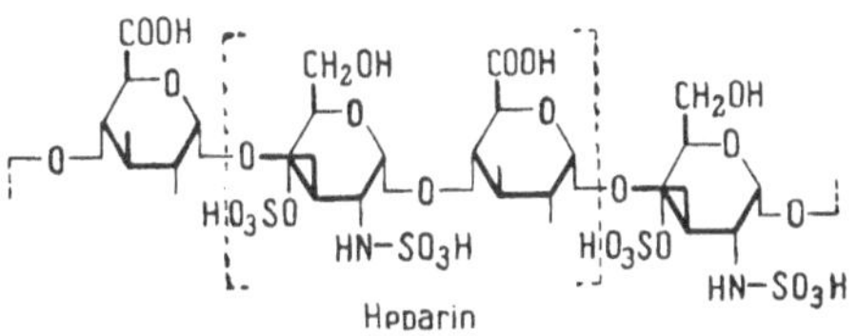

Heparin

die Reaktion des Trombins mit dem Fibrinogen verhindert. Sein Angriffspunkt ist dabei also das Thrombin. Es ist ähnlich dem Chondroitinsulfat gebaut (jedoch Glucosamin statt Galaktosamin). Es enthält zwei Sulfatreste pro Disaccharid. Das Molekulargewicht beträgt 17000 bis 20000.

1.9.5. Bakterienpolysaccharide

Die Zellwand von Bakterien weist eine vielfältige Zusammensetzung auf. Nach Aufbau und Zusammensetzung unterscheiden wir die lange bekannten grampositiven und gramnegativen Bakterien. Die grampositiven Bakterien enthalten in ihrer Zellwand zusammengesetzte Polymere wie Mucopeptide und die sogenannten Teichonsäuren. Die Mucopeptide sind glykosidisch verbundene Aminozucker, die außerdem Peptide enthalten. Als Aminozuckerderivat ist in ihnen die N-Acetylmuraminsäure enthalten, die ein Äther zwischen N-Acetylglucosamin (C_3) und der Hydroxygruppe des Lactats ist (Näheres s. Teil IV).

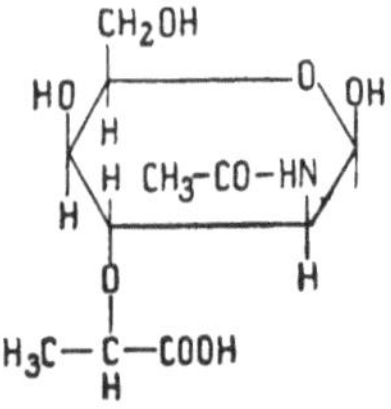

N-Acetylmuraminsäure

Die Aminosäurereste (Ala, Glu und Lys) sind peptidartig gebunden. Teichonsäuren sind wasserlösliche Polymere, die Glycerin oder Ribit enthalten und deren Einheiten durch Phosphodiesterbindungen verbunden sind. Außerdem enthalten sie N-Acetylglucosamin. Diese Bakterienpolysaccharide werden durch Lysozym gespalten. Die Zellwand der gramnegativen Bakterien enthält demgegenüber beträchtliche Mengen Lipoproteide. Außerdem findet man in ihnen Cytochrome und $NADH_2$-Oxydase.

Die Synthese der Mucopeptide konnte weitgehend aufgeklärt werden. An ihnen sind die UDP-Derivate des N-Acetylglucosamins beteiligt. Bedeutsam ist, daß die Synthese dieser gemischten Bakterienpolysaccharide durch Antibiotica, wie Penicillin und Bacitracin, gehemmt wird.

Die *Bakterienpolysaccharide* besitzen *Antigeneigenschaften*. Sie vermögen also im Tierkörper die Bildung von Antikörpern auszulösen. Partielle Abbaumethoden dieser Substrate erlaubten sogenannte „*determinante Gruppen*" festzustellen, die eine Affinität zu spezifischen Bindungsstellen von Antikörpern besitzen. Solche determinanten Gruppen vermögen mit Antikörpern zu reagieren (lösliche Komplexe), ohne daß sie eine Antikörperbildung auslösen können *(Halbantigene, Haptene)*.

1.9.6. Neutrale und gemischte Polysaccharide

Die neutralen gemischten Polysaccharide enthalten weder Uronsäuren noch Schwefelsäure. In ihnen finden sich neben Glucosamin auch Galaktose, Mannose, Fucose u. a. Manche enthalten Neuraminsäure. Neben den Schleimsubstanzen des Verdauungskanals, den Glykoproteiden des Blutplasmas und dem hämoglobinbindenden *Haptoglobin* findet man in dieser Gruppe die sogenannten *Blutgruppensubstanzen*. Diese kommen auf der Oberfläche der roten Blutkörperchen, aber auch in verschiedenen schleimhaltigen Sekreten (Speichel, Magensaft, Flüssigkeit von Ovarialcysten usw.) vor. Auch das Mekonium von Neugeborenen enthält Mucopolysaccharide mit Blutgruppenwirksamkeit. Die Blutgruppensubstanzen enthalten neben den oben genannten Bestandteilen auch verschiedene Aminosäuren, wie Ser, Thr, Pro. Man unterscheidet die Substanzen A, B und O. Die Reaktion der auf der Oberfläche der Erythrocyten befindlichen Blutgruppensubstanzen (agglutinable Substanzen) mit dem zugehörigen Agglutinin im entsprechenden Antiserum führt nach der Art einer Antigen-Antikörperreaktion zu der Agglutination der Zellen. L-Fucose (6-Desoxygalaktose) scheint die determinante Gruppe der Blutgruppensubstanz O zu sein. Ein Zusatz dieses Monosaccharides bewirkt nämlich eine Agglutinationshemmung von O-Zellen durch das korrespondierende Antiserum.

Ein neutrales Mucopolysaccharid ist auch der sogenannte *Bifidus-Faktor.* Dieser ist reichlich im Mekonium des Neugeborenen und vor allem in der Frauenmilch vorhanden. Er stellt einen Wachstumsfaktor für Lactobacillus bifidus dar. Beim Säugling bewirkt er im Darm die Entwicklung einer Bifidus-Flora und verhindert so die Entwicklung von E. coli u. a. Mikroorganismen. L. bifidus ist ein wichtiger Thiamin-Bildner. Die Bifidus-Flora ist charakteristisch für Brustkinder. Der Bifidus-Faktor ist ein Oligosaccharid, welches Glucosamin, Galaktose, Acetylglucosamin und Glucose enthält.

1.10. Photosynthese

Die Assimilation des Kohlendioxyds in den grünen Pflanzen und den chlorophyllhaltigen Bakterien unter Ausnutzung der Energie des Sonnenlichtes wird als „*Photosynthese*" bezeichnet. Sie hat eine große biologische Bedeutung, da sie ein wichtiger Teil des großen Kreislaufs des Kohlenstoffs in der belebten Natur ist. Die Photosynthese ist ein Grundprozeß des Lebens überhaupt, ohne den ein Leben auf der Erde nicht denkbar ist. Die organischen Produkte, die aus dem Kohlendioxyd entstehen, werden von der Pflanze in Folgeprodukte (Aminosäuren, Eiweiße, Fette und Nucleinsäuren) umgewandelt. Mittels der *Energie des Sonnenlichtes* und unter Beteiligung des grünen Farbstoffs der Pflanzen, des *Chlorophylls,* wird CO_2 unter Aufnahme von Wasser in Kohlenhydrat umgewandelt, wobei gleichzeitig Sauerstoff entsteht.

$$6CO_2 + 6H_2O \xrightarrow[\text{Chlorophyll}]{\text{Licht}} C_6H_{12}O_6 + 6O_2$$

In der Nettoreaktion stellt die Photosynthese die Umkehrung der Oxydation der Glucose dar.

Die Fixierung des CO_2 ist nicht auf die grünen Pflanzen beschränkt. Auch in den Tieren und Mikroorganismen kommt dieser Prozeß vor (Teil II, S. 68). Die CO_2-Fixierung in den grünen Pflanzen unterscheidet sich jedoch grundlegend von diesen Carboxylierungen, da dieser Prozeß erstens seine Energie aus dem Sonnenlicht bezieht und die Anwesenheit von Chlorophyll verlangt und zweitens, da die Photosynthese eine gewaltige Nettozunahme an organisch fixiertem Kohlenstoff erbringt.

In bestimmten Bakterien (*Rhodospirillum rubrum*, *Chromatium*, *Rhodopseudomonas*) findet man auch eine Photosynthese, die Ähnlichkeiten mit der pflanzlichen hat. Sie läuft in den sogenannten Chromatophoren als photochemischen Zentren der Bakterienzelle ab. Diese enthalten verschiedene Bakterienchlorophylle und Carotinoide. Die Chromatophoren sind den pflanzlichen Chloroplasten, in denen die Prozesse der pflanzlichen Photosynthese ablaufen, funktionell vergleichbar.

Die photosynthetischen Bakterien entwickeln bei der Photosynthese keinen Sauerstoff. Sie können im Gegensatz zu den grünen Pflanzen nicht Wasser als Reduktionsmittel bei der CO_2-Fixierung benutzen, sondern oxydieren z. B. H_2S zu elementarem Schwefel (grüne Schwefelbakterien). Die photosynthetischen Bakterien wachsen anaerob im Licht, jedoch nicht anaerob im Dunkeln. Einige Species vermögen aerob im Dunkeln zu wachsen.

1.10.1. Energetik der Photosynthese

Die Photosynthese hat wie jede chemische Reaktion zwei Aspekte, einen *energetischen* und einen *stofflichen*. Eine Frage von grundlegender Bedeutung ist die nach dem *Quantenbedarf* der Photosynthese, d. h. danach, wieviel Lichtquanten des Energieinhaltes $h \cdot \nu$ (h = PLANCKsches Wirkungsquantum = $6{,}626 \times 10^{-27}$ erg $\times$ sec,

ν = Strahlungsfrequenz) 1 Molekül CO_2 reduzieren bzw. 1 Molekül O_2 freisetzen. Der reziproke Wert des Quantenbedarfs ist die Quantenausbeute. Über den Quantenbedarf der Photosynthese war ein umfangreicher Meinungsstreit zwischen WARBURG und anderen Forschern entstanden. WARBURG kam auf Grund langjähriger und äußerst sorgfältiger Messungen zu dem Ergebnis, daß ohne Berücksichtigung von Dunkelreaktionen 3–4 Mole Quanten (1 „Mol" Quanten sind 6×10^{23} Quanten entsprechend der Zahl der Moleküle pro Mol) 1 Mol CO_2 reduzieren bzw. annähernd 1 Mol O_2 freisetzen. Amerikanische Forscher hingegen haben einen höheren Quantenbedarf der Photosynthese gemessen.

Auf Grund des EINSTEINschen photochemischen Äquivalenzgesetzes, wonach ein absorbiertes Lichtquant ein Molekül in einen angeregten, d. h. reaktionsfähigen Zustand versetzt und dieses auch reagiert (Quantenausbeute 1), wurde die Existenz von Dunkelreaktionen in der Photosynthese vermutet, die sich an die Lichtreaktion anschließen. Bei kurzdauernden Belichtungen mit entsprechenden Dunkelperioden konnte WARBURG experimentell den Quantenbedarf 1 tatsächlich verifizieren. Die Dunkelreaktion besteht in einer erhöhten („induzierten") Atmung, die einen Energieanteil für die Photosynthese liefert. Wenn für die Reduktion eines Mol CO_2 112000 cal verbraucht werden, so liefert die Hellreaktion 43000 cal (im roten Spektralbereich). Der Rest von 70000 cal/Mol wird durch die induzierte Atmung zur Verfügung gestellt, bei der $^2/_3$ des im Licht gebildeten Sauerstoffs wieder verbraucht werden.

1.10.2. Quelle des Sauerstoffs bei der Photosynthese

Die ursprüngliche Annahme einer photochemischen Spaltung des CO_2 in Kohlenstoff und Sauerstoff mußte auf Grund zahlreicher direkter und indirekter Befunde fallen gelassen werden. Heute besteht weitgehend Übereinstimmung darüber, daß der Sauerstoff durch eine *Photolyse des Wassers* gebildet wird.

Das Wasser liefert dabei die für die Reduktion des CO_2 notwendigen Äquivalente

$$CO_2 + 2\,H_2O + nh\nu \xrightarrow[\substack{\text{Enzyme,}\\ \text{Cofaktoren usw.}}]{\text{Chlorophyll}} (CH_2O) + H_2O + O_2$$

Indirekte Hinweise für die Photolyse des Wassers stammen aus der vergleichenden Biochemie. Es gibt viele pigmenthaltige Bakterien (grüne Schwefelbakterien, Purpurbakterien), die statt Wasser einen anderen Wasserstoffdonator (z. B. H_2S) verwenden (s. o.) und elementaren Schwefel oder Sulfat unter der Einwirkung von Licht bilden.

$$CO_2 + H_2S \rightarrow (CH_2O) + H_2O + 2\,S$$

oder

$$2\,CO_2 + H_2S + 2\,H_2O \rightarrow 2\,(CH_2O) + H_2SO_4$$

(CH_2O): steht für Kohlenhydrat, Reduktionsprodukt des CO_2. Eine weitere bedeutungsvolle Beobachtung war folgende: Wenn man einzellige, grüne Algen statt im Wasser in reinem Wasserstoff hält, so produzieren sie bei Belichtung keinen Sauerstoff, obwohl sie CO_2 normal reduzieren. Jedoch absorbieren sie dabei eine äquivalente Menge Wasserstoff.

Unter Berücksichtigung der Gesamtreaktion der Photosynthese läßt sich aus dem Gesagten folgende allgemeine Gleichung aufstellen:

$$CO_2 + 2\,H_2D \xrightarrow{\text{Licht}} (CH_2O) + H_2O + 2\,D$$

H_2D ist ein beliebiger Wasserstoffdonator (H_2O, H_2S u. a.).

Auch organische Verbindungen, wie z. B. iso-Propanol, können bei photosynthetisierenden Bakterien als Wasserstoffdonatoren wirken.

Direkte Beweise der Photolyse des Wassers stammen aus Versuchen, die unter Verwendung von ^{18}O-markiertem CO_2 und H_2O durchgeführt wurden.

1.10.3. Hell- und Dunkelphasen

Den Gesamtprozeß der Photosynthese teilt man in Hell- und Dunkelphasen ein.

Die Hellphase der Photosynthese umfaßt solche Reaktionen, die zur Bildung der ersten chemisch definierten energiereichen Produkte führen, die zeitlich vor der CO_2-Assimilation liegen und die für die Umwandlung des CO_2 in organische Verbindungen gebraucht werden. Die Umwandlungen von Kohlendioxyd in Kohlenhydrate und andere Verbindungen sind Dunkelreaktionen, die energetisch durch das photochemisch gebildete ATP getrieben und für die reduzierende Äquivalente ($NADPH_2$) in den Hellreaktionen bereitgestellt werden.

Der wesentliche Unterschied zwischen photosynthetisierenden und nichtphotosynthetisierenden Organismen ist die Art und Weise der Bereitstellung von ATP und von reduzierten Pyridinnucleotiden. Nichtphotosynthetisierende Organismen bilden sie unter Ausnutzung von chemischer Energie, photosynthetisierende Organismen unter Ausnutzung von Strahlungsenergie.

1.10.4. Lichtinduzierte Phosphorylierungen

In isolierten Chloroplasten läßt sich unter dem Einfluß von Licht eine Reduktion der Pyridinnucleotide NAD^+ und $NADP^+$ nachweisen. Die Nettogleichung ist wahrscheinlich:

$$2NAD^+ \text{ oder } NADP^+ + 2H_2O \xrightarrow{h \cdot \nu} 2NADH \text{ (oder NADPH)} + 2H^+ + O_2$$

Von besonderer Wichtigkeit ist die Tatsache, daß belichtete Chloroplasten in der Lage sind, ATP zu synthetisieren. Sie vermögen also eine *photosynthetische Phosphorylierung* durchzuführen. Dieser Typ der Phosphorylierung braucht zum Unterschied zur oxydativen Phosphorylierung keinen Sauerstoff, sondern Licht. Man unterscheidet zwei verschiedene Arten von photosynthetischer Phosphorylierung: cyclische und nichtcyclische Photophosphorylierung. Die cyclische Phosphorylierung bildet nur ATP, die nichtcyclische bildet neben ATP noch reduziertes Ferredoxin. Ferredoxin ist ein in Chloroplasten vorkommendes eisenhaltiges Protein, welches jedoch weder ein Häm- noch ein Flavoproteid ist. Ferredoxin ist ein Elektronenüberträger, der Elektronen vom lichtaktiviertem Chlorophyll aufnimmt und auf geeignete Acceptoren überträgt. Es spielt nicht nur eine Rolle im Mechanismus der Photosynthese, sondern auch bei der biologischen Stickstoffixierung. Sein Redoxpotential ist extrem negativ (—0,5 V). Mit der Bildung von ATP und reduziertem Ferredoxin findet die Hellphase ihren Abschluß. Die Bildung von $NADPH_2$ erfolgt in der anschließenden Dunkelphase.

1.10.4.1. Cyclische Photophosphorylierung

Formal wird sie wie folgt beschrieben:

$$n \cdot \text{ADP} + n \text{Ⓟ} \xrightarrow{h \cdot \nu} n \cdot \text{ATP}$$

Bei dieser Phosphorylierung wird kein Sauerstoff verbraucht. Die einzige Energiequelle dieser Phosphorylierung sind die absorbierten Lichtquanten (ARNON). Es wird angenommen, daß dabei Chlorophyll nach Absorption eines Lichtquants in einen angeregten Zustand versetzt wird, indem ein Elektron auf ein äußeres Orbital mit höherem Energieniveau gehoben wird (s. Abb. 1). Dieses energiereiche Elektron wird danach auf einen Elektronenacceptor übertragen, der ein stark negatives Redoxpotential besitzt. Bei der Oxydation dieser Substanz durch Redoxsyteme mit positiverem Potential wird dann die Energiemenge frei, die zur ATP-Synthese nötig ist. Dieses Elektron kehrt danach zum Chlorophyll zurück, so daß dieser Kreislauf von Neuem beginnen kann (cyclische Photophosphorylierung). Als chloroplasteneigene Elektronenüberträger kommen Menadion und möglicherweise auch Ferredoxin in Betracht.

1.10.4.2. Nichtcyclische Photophosphorylierung

Bei diesem Typ gibt es im Gegensatz zum eben Besprochenen eine stöchiometrische Kopplung zwischen ATP-Bildung und der durch Licht verursachten Elektronenübertragung vom Wasser zum NADP. Als Zwischen-Elektronen-Überträger fungiert, wie oben ausgeführt, Ferredoxin. Die durch Licht verursachte Reduktion von Ferredoxin wird von zwei Dunkelreaktionen gefolgt, die zur NADP-Reduktion führen.

a) Oxydation von Ferredoxin_{red} durch ein Flavinenzym (NADP-Reduktase), b) Oxydation der reduzierten Form dieses in Chloroplasten vorkommenden Enzyms unter Reduktion von NADP. Ferredoxin überträgt jeweils nur ein Elektron. Die Photoreduktion von vier Molen Ferredoxin (Fd) ist mit der Bildung von zwei Molen ATP und einem Mol Sauerstoff gekoppelt:

$$4\,Fd_{ox} + 2\,ADP + 2\,Ⓟ + 2\,H_2O \xrightarrow{h\cdot\nu} 4\,Fd_{red} + 2\,ATP + O_2 + 4\,H$$

ATP und reduziertes Ferredoxin werden für die Kohlenstoffassimilation benutzt. Da zwei Fd_{red}-Moleküle ein Molekül NADP reduzieren, ist in der nichtcyclischen Photophosphorylierung des Verhältnis von ATP zu $NADPH_2$ 1 : 1. Da das erforderliche Verhältnis von

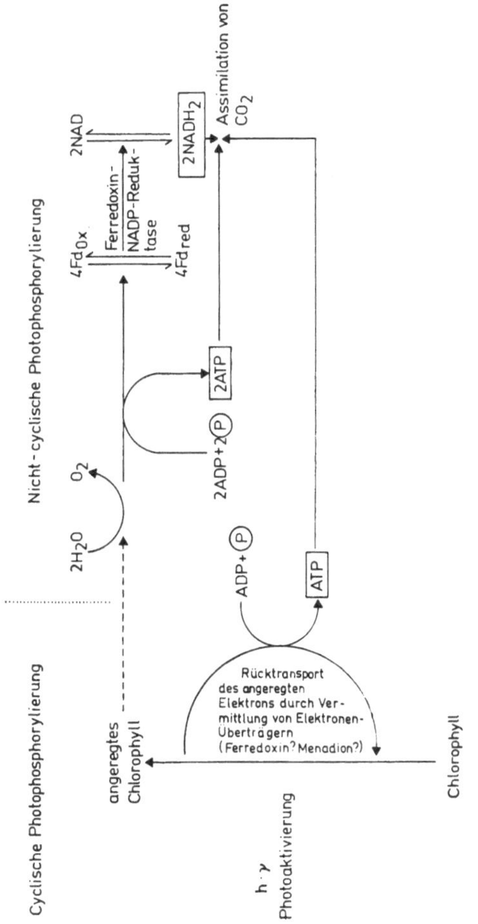

Cyclische und nicht-cyclische photosynthetische Phosphorylierung

$NADPH_2$: ATP pro Mol assimiliertes CO_2 jedoch gleich 2 : 3 ist, muß ein weiteres ATP-Molekül bereitgestellt werden. Dieses liefert die cyclische Photophosphorylierung.

1.10.5. Reduktionscyclus des Kohlendioxyds

Die Prozesse der Photophosphorylierung liefern 3 Mole ATP und 2 Mole $NADPH_2$. Beide Substanzen sind in diesem Verhältnis für die Bindung des Kohlendioxyds und seine Reduktion zum Kohlenhydrat nötig (Kohlenstoff-Reduktions-Cyclus). 1 Mol ATP wird bei der Bildung von Ribulose-1,5-diphosphat aus Ribulose-5-phos-

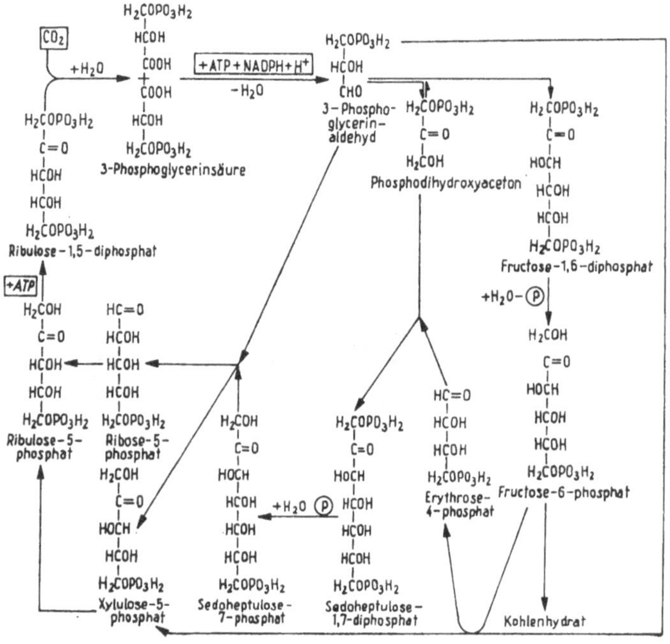

phat verbraucht, zwei weitere Moleküle ATP bei der Bildung von zwei Molekülen 3-Phosphoglycerinaldehyd aus Phosphoglycerinsäure. Bei dieser Reaktion werden außerdem zwei Moleküle $NADPH_2$ oxydiert. Diese Prozesse gehen auch im Dunkeln vor sich, sie sind also Folgereaktionen des eigentlichen photochemischen Vorganges, der im vorhergehenden Abschnitt beschrieben wurde. Die Einzelreaktionen selbst sind nicht spezifisch für die grüne Pflanze, sondern kommen auch in anderen Organismen vor (S. 13, 32 ff.).

Bei der Bildung der Kohlenhydrate werden bekannte Zwischenprodukte des anaeroben und aeroben Kohlenhydratstoffwechsels durchlaufen.

2. Lipidstoffwechsel

Die durch die Nahrung zugeführten Fette und Lipide werden durch die Lipasen des Magen-Darm-Traktes hydrolysiert. Man findet vor allem eine stark wirksame *Lipase* im Sekret des *Pankreas*, die bei schwach alkalischem pH-Wert ihre Wirkung entfaltet. Von untergeordneter Bedeutung für die Fettverdauung ist die Magenlipase, die bei schwach saurer Reaktion arbeitet. Die Lipasewirkung im Duodenum wird durch die Salze der Gallensäuren, infolge deren emulgierender Wirkung begünstigt. Dadurch wird die Oberfläche der Fetttröpfchen stark vergrößert, so daß die Lipase, die sich in der wäßrigen Phase befindet, eine höhere Wirksamkeit erhält. Die einmal gebildeten fettsauren Salze (Seifen) besitzen eine ebenfalls emulgierende Wirkung auf die Fetttröpfchen, so daß nach eingeleiteter Fettspaltung die Lipase noch günstigere Wirkungsbedingungen erhält. Die Lipase-Wirkung führt zu einem Gemisch von Fettsäuren und Glycerin sowie von Mono- und Diglyceriden.

Wesentlich für die *Resorption* eines vollständig oder nur teilweise hydrolysierten Fettes durch die Mucosa scheint die *Größe* der *Fetttröpfchen* in der Emulsion zu sein. Diese müssen kleiner als 0,5 μ sein.

$$
\begin{array}{lcl}
\mathrm{CH_2OOC{-}R_1} & & \mathrm{CH_2OH \quad HOOC{-}R_1} \\
| & & | \\
\mathrm{CHOOC{-}R_2} + 3\,\mathrm{H_2O} & \xrightarrow{\text{Lipase}} & \mathrm{CHOH} + \mathrm{HOOC{-}R_2} \\
| & & | \\
\mathrm{CH_2OOC{-}R_3} & & \mathrm{CH_2OH \quad HOOC{-}R_3} \\
\text{Triglycerid} & & \text{Glycerin} + \text{Fettsäuren}
\end{array}
$$

Im *Darmepithel* erfolgt bereits eine teilweise *Resynthese* der Fettsäuren und des Glycerins zu den Triglyceriden. Auch kommt es zu einem Einbau der Fettsäuren in Phosphatide, vorwiegend in Lecithin. Diese kann man als eine Transportform der Fettsäuren betrachten. Die Reesterifizierung der Fettsäuren, die in der Vesicelfraktion der Mucosazellen erfolgt, ist der geschwindigkeitsbestimmende Schritt der Fettresorption. Gleichzeitig ist sie für die Bildung eines Konzentrationsgefälles verantwortlich, das wiederum die Voraussetzung für die Resorption ist. Aus den Epithelzellen gelangt das Fett in Form feinster Fetttröpfchen, die von *Proteinen*, welche ebenfalls in der Mucosa gebildet werden, umgeben sind *(Chylomikronen)*, in die Lymphräume und von dort in die Lymphgefäße. Über den Ductus thoracicus gelangen die Chylomikronen in den Blutstrom, der sie in die Leber transportiert. In der Lymphe und auch im Plasma bewirken die Fetttröpfchen eine milchige Trübung. Die Fettsäuren mit kurzen Ketten werden durch die Pfortader direkt in die Leber geleitet. Ein beträchtlicher Teil der auf diese Weise in die Leber gelangenden Fette wird hydrolysiert und für einige Zeit festgehalten. Erst nach einigen Stunden gibt die Leber die Fette in die peripheren Depots ab. Als Vehikelsubstanzen der Fette dienen im normalen Blut die α- und β-Globuline. Die Fettaufnahme durch die Leber und durch die Darmepithelien erfolgt auf dem Wege der *Pynocytosis*. Man versteht darunter die Aufnahme eines nicht in molekularer Verteilung vorliegenden Stoffes, dessen Teilchen eine bestimmte Größe haben. Die Pinocytose erfolgt so, daß sich das Cytoplasma von außen her einstülpt und dabei das Teilchen aufnimmt. Im Anschluß daran schließt sich die Zellmembran über dem Tröpfchen, wonach dieses in den Stoffwechsel einbezogen wird. Die Pinocytose ist der Phagocytose, trotz einiger Unterschiede ähnlich.

2.1. Abbau der Fettsäuren

Der Hauptort des Fettsäurestoffwechsels ist die Leber. Daneben sind andere Organe und Gewebe, wie das Fettgewebe und das Muskelgewebe, vor allem der Herzmuskel, an dem Fettstoffwechsel beteiligt. Das *Prinzip des Fettsäureabbaus* wurde von KNOOP in seinen berühmten Untersuchungen des Fettstoffwechsels entdeckt. Er verfütterte Phenylfettsäuren und studierte ihr Schicksal, indem er den Harn der Versuchstiere sammelte und auf Substanzen mit Phenylgruppen untersuchte. Der Organismus ist nämlich nicht fähig, aus den Phenylfettsäuren den Benzolrest abzuspalten. Es zeigte sich, daß die Fettsäuren in einer sehr charakteristischen Weise abgebaut werden.

Erwähnt sei zunächst, daß nach Verfütterung von Benzoesäure als Stoffwechselprodukt Hippursäure, nach Verfütterung von Phenylessigsäure die Phenacetursäure im Harn erscheint.

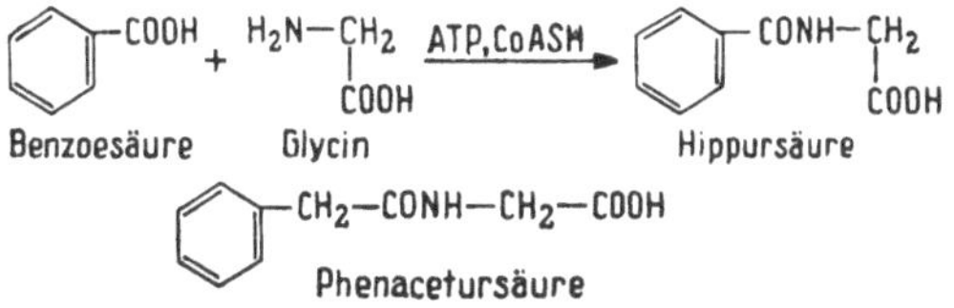

Das bedeutet, daß bei diesen einfachen Verbindungen keine weiteren Veränderungen als die Paarung mit Glycin, die in den Leber- und Nieren-Mitochondrien erfolgt, eintritt. Bei Verfütterung von Penylfettsäuren mit unterschiedlicher Kohlenstoffzahl, wie Phenylpropionsäure, Phenylbuttersäure usw., konnte man entweder die Hippursäure oder Phenacetursäure im Harn nachweisen. Die Phenylgruppe diente gleichsam als Indikator für die Fettsäure, deren Schicksal man studieren wollte. Dabei wurde als Regel gefunden, daß die Phenylderivate der ungeradzahligen Fettsäuren zur Hippursäure und die der geradzahligen Fettsäuren zur Phenacetursäure abgebaut werden, unabhängig von der Länge der Fettsäureketten. Diese Befunde KNOOPS ließen sich zwangslos unter der Annahme erklären, daß vom Kettenende her, d. h. von der Carboxylgruppe ausgehend, jeweils zwei Kohlenstoffatome von der Fettsäure abgespalten werden. Dabei bleibt die Spaltung der ungeradzahligen Phenylfettsäuren auf der Stufe der Benzoesäure und die der geradzahligen auf der Stufe der Phenylessigsäure stehen. Da dieser Prozeß ein oxydativer Vorgang ist und jeweils das β-Kohlenstoffatom der Carboxylgruppe oxydiert wird, bezeichnet man diesen Prozeß als β-Oxydation. Die Nettogleichung der β-Oxydation ist

$$R{-}CH_2{-}CH_2{-}COOH + 2\,H_2O \xrightarrow{-4\,H} R{-}COOH + CH_3COOH$$

Unter Abspaltung von Essigsäure entsteht dabei eine Fettsäure, die um zwei C-Atome ärmer als die Ausgangssubstanz geworden ist. Diese wird dann erneut der β-Oxydation unterworfen. Auf diese Weise erfolgt ein stufenweiser Abbau der Fettsäuren. Am Ende der Spaltung geradzahliger Fettsäuren steht dann Essigsäure, am Ende der Spaltung der ungeradzahligen steht die Propionsäure.

Die β-Oxydation läßt sich in eine Anzahl von Einzelschritten zerlegen, die im folgenden besprochen werden sollen (LYNEN). Entscheidend hierfür ist die Beteiligung des CoASH sowie die Mitwirkung von ATP.

Der Feinmechanismus konnte aufgeklärt und die daran beteiligten Enzyme und Coenzyme weitgehend charakterisiert werden. Die Initial- und Schlüsselreaktion besteht in einer *Aktivierung* der *Fettsäure* durch *CoASH* und *ATP (Reaktion 1)*. Die Enzyme werden als Fettsäure-

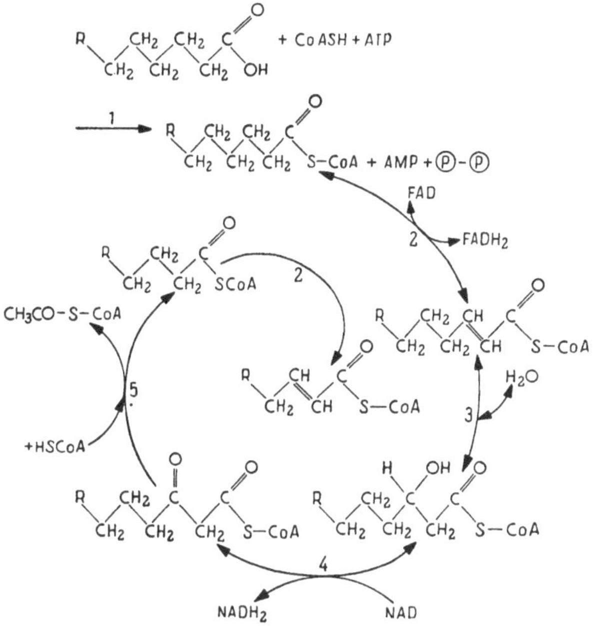

thiokinasen bezeichnet. Davon gibt es drei verschiedene Arten, die durch unterschiedliche Spezifitäten ausgezeichnet sind:

a) eine Essigsäure- bzw. Propionsäurethiokinase aus Herzmitochondrien,

b) eine Thiokinase, die Fettsäuren von C_4 bis C_{12} aktiviert, aus Rinderlebermitochondrien und

c) ein Enzym, welches den Bereich von C_4 bis C_{22} überdeckt und aus Mitochondrien der Meerschweinchenleber gewonnen wurde.

Für die Wirksamkeit der Enzyme ist Mg^{++} notwendig. Der Reaktionsmechanismus wurde bei der Aktivierung der Essigsäure besprochen (Teil II, S. 158).

Das Acyl-CoA wird danach durch *Acyldehydrogenasen* oxydiert *(Reaktion 2)*, Dabei entsteht das entsprechend α,β-ungesättigte Acylderivat. Die Enzyme sind Flavoproteide mit FAD als prosthetischer Gruppe. Auch hier gibt es unterschiedliche Enzyme mit abgestuften Spezifitäten. Aus Lebermitochondrien wurden drei derartige Enzymaktivitäten gewonnen. Man unterscheidet dabei

a) eine grüngefärbte Dehydrogenase für kurze Ketten,
b) eine gelbgefärbte für mittlere Ketten,
c) eine gelbgefärbte für lange Ketten.

Das α,β-ungesättigte Acyl-CoA-Derivat wird durch die *Enoyl-Hydratase* hydratisiert *(Reaktion 3)*, Dieses Enzym wurde ebenfalls aus Lebermitochondrien isoliert. Es ist durch eine sehr hohe Wechselzahl ausgezeichnet (bei pH 9,4 beträgt sie 1400000). Im Anschluß an die Hydratisierung erfolgt eine zweite Oxydationsreaktion *(Reaktion 4)*. Das zuständige Enzym ist eine *β-Hydroxyacyl-Dehydrogenase*. NAD^+ ist der Wasserstoffacceptor. Das Enzym besitzt eine breite Substratspezifität. Das Produkt dieser Reaktion ist eine β-Ketoacyl-Verbindung des CoA.

Danach kommt es zur *thiolytischen Spaltung* des Ketoacylderivates unter gleichzeitigem Einbau von CoASH *(Reaktion 5)*. Der thiolytische (oder thioklastische) Prozeß läuft in folgenden Einzelschritten ab:

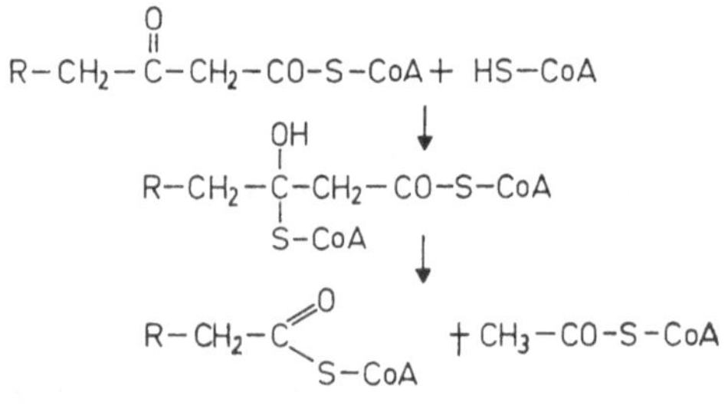

Produkte dieser Reaktion sind Acetyl-CoA und ein Acyl-CoA-Derivat, welches sich um zwei C-Atome von der ursprünglichen Fettsäure unterscheidet. Dieses tritt erneut in die Spirale ein und erleidet wiederum die gleichen Reaktionen.

Daraus wird ersichtlich, daß bei jedem Durchgang durch die Spirale ein C_2-Bruchstück in Form von aktiver Essigsäure abgespalten wird. Bei der vollständigen β-Oxydation der Palmitinsäure (16 C-Atome) muß diese demnach die Spirale achtmal durchlaufen. Es entstehen dabei acht Moleküle aktive Essigsäure.

Die aktive Essigsäure wird danach normalerweise im Citronensäurecyclus vollständig oxydiert oder für anderweitige Stoffwechselreaktionen genutzt. Bei einem Durchgang durch diese Spirale werden zwei Wasserstoffpaare frei. Sie liegen als $FADH_2$ und als $NADH_2$ vor. Beide Wasserstoffpaare werden bei Aerobiose durch die Atmungskette oxydiert. Im ersten Falle entstehen dabei zwei Mole ATP und im zweiten drei Mole ATP. Bei der Oxydation eines Acetyl-CoA werden im Citronensäurecyclus-Atmungsketten-Komplex insgesamt 12 Mole ATP gebildet. Als Summe erhält man folglich pro vollständig oxydierte Essigsäure eine Ausbeute von 17 Molen ATP. Bei vollständiger Oxydation von einem Mol Stearinsäure (18 C-Atome) werden demnach 153 Mole ATP gebildet. Lediglich ein Mol ATP davon wird zur Aktivierung der Fettsäure am Anfang gebraucht. Bei vollständiger Verbrennung von einem Mol Stearinsäure werden etwa 2560 kcal frei. Rechnet man die freie Enthalpie des ATP (Hydrolyse der endständigen Pyrophosphatbindung) zu 8 kcal pro Mol, so ergibt sich eine Ausbeute von $8 \times 153 = 1224$ kcal an ATP-Energie, das sind etwa 50% der Verbrennungsenergie der Fettsäure.

2.2. *Stoffwechsel der Ketonkörper*

Unter dem Begriff „*Ketonkörper*" faßt man die *Acetessigsäure* sowie die aus dieser entstehenden Abkömmlinge *β-Hydroxybuttersäure* und *Aceton* zusammen.

Während die Konzentrationen dieser Substanzen im Blut normaler Menschen und höherer Tiere sehr niedrig sind (0,5 bis 0,8 mval/100 ml Plasma), gibt es verschiedene pathologische Bedingungen, unter denen es zu starken Erhöhungen kommen kann. Zu nennen sind insbesondere der Diabetes mellitus, bestimmte Hungerzustände sowie die Ketonämie der Wiederkäuer. Folgen dieser Erhöhungen sind Acidose, da Acetessigsäure und β-Hydroxybuttersäure im Blut als Anionen vorliegen und eine Verminderung der HCO_3^--Konzentration bewirken; Ausscheidung durch die Nieren und Produktion eines sauren Harns (Aceton wird als flüchtige Substanz auch durch die Lunge ausgeschieden); Schädigung des Zentralnervensystems infolge ihrer betäubenden Wirkung (Bewußtlosigkeit).

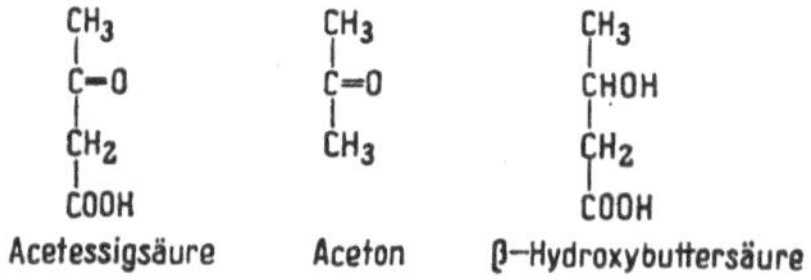

Das primäre Produkt in der Ketonkörperbildung ist die Acetessigsäure. Ihre Bildung erfolgt aus dem Acetyl-CoA. Als Zwischenprodukte fungieren Acetoacetyl-CoA und β-Hydroxy-β-methyl-glutaryl-CoA.

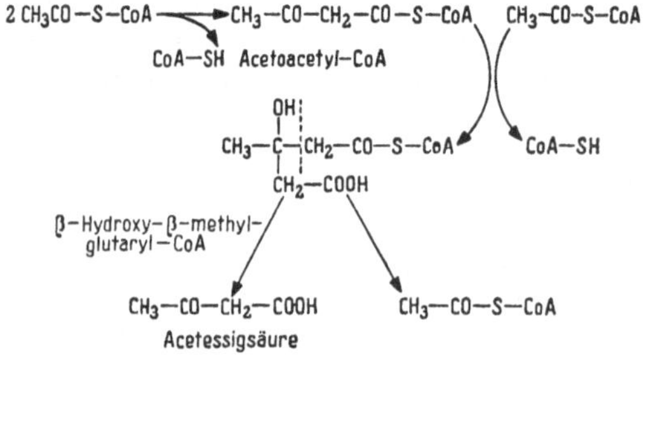

Bildungsort der Acetessigsäure ist die Leber. Aus ihr kann in vielen Zellen (quantitativ spielt die Leber jedoch auch hier eine besondere Rolle) unter $NADH_2$-Verbrauch und unter Mitwirkung der *β-Hydroxybuttersäure-Dehydrogenase* β-Hydroxybuttersäure entstehen. Dieses Enzym ist mitochondrial gebunden und spielt wahrscheinlich eine besondere Rolle bei der Einschleusung von Wasserstoff aus dem Cytoplasma in die Mitochondrien.

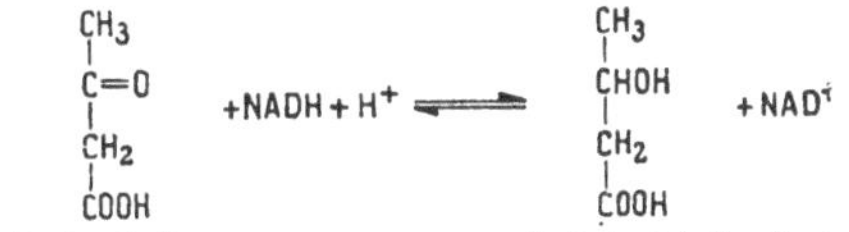

Acetessigsäure β-Hydroxybuttersäure

Aceton entsteht aus der Acetessigsäure höchstwahrscheinlich durch spontane Decarboxylierung.

In der normalen Leber werden nur verhältnismäßig kleine Mengen Acetonkörper gebildet. Die Bildungsgeschwindigkeit ist jedoch bei *Kohlenhydratmangel* (Hunger, Ketonämie der Rinder) oder bei *mangelhafter Kohlenhydratverwertung* (Diabetes mellitus) stark gesteigert. Die Ursache hierfür ist eine um das Vielfache gegenüber der normalen Leber gesteigerte Fettsäureoxydation, die zu einem massenhaften Anfall von C_2-Bruchstücken in Form von Acetyl-CoA führt. Da offensichtlich die Kapazität des Citronensäurecyclus nicht ausreicht, diese anfallenden C_2-Körper zu verwerten und eine Rückkopplungshemmung nicht existiert, kommt es zu ihrer Kondensation nach dem oben beschriebenen Mechanismus und damit zur Bildung der Acetessigsäure.

Als ketonkörperverwertendes Organ muß vor allem die *Muskulatur* genannt werden. Es kommen hierfür 2 Reaktionen in Betracht:

a) Acetoacetat + Succinyl-CoA $\rightleftharpoons$
Acetoacetyl-CoA + Succinat

b) Acetoacetat + CoA + ATP $\rightleftharpoons$
Acetoacetyl-CoA + AMP + Ⓟ – Ⓟ

Das in beiden Fällen gebildete Acetoacetyl-CoA wird unter CoA-Verbrauch auf dem Wege über die thioklastische Spaltung zu zwei Molekülen Acetyl-CoA zerlegt.

Wichtig ist, daß auch im Diabetes mellitus die Ketonkörperverwertung ungeschmälert vor sich geht. Die Ketonkörperanhäufung im Blut ist also unter diesen Umständen das Ergebnis der Überproduktion in der Leber.

2.3. Synthese von Fettsäuren

Die höheren Tiere und viele andere Organismen vermögen Fettsäuren, auch längerkettige, aufzubauen und ineinander umzuwandeln. Lediglich die Synthese ungesättigter Fettsäuren mit Ausnahme der Ölsäure (Linolsäure, Linolensäure, Arachidonsäure u. a.) ist dem höheren Tier nicht möglich (essentielle Fettsäuren).

Die Fettsäuren unterliegen einer ständigen Erneuerung. Die gesättigten Fettsäuren im Depotfett von Ratten haben eine biologische Halbwertszeit von 16 Tagen, die der ungesättigten Fettsäuren ist länger. Die Fettsäuren in der Leber haben eine wesentlich höhere Umsatzgeschwindigkeit.

Die meisten Reaktionen der Fettsäurespirale sind weitgehend *reversibel*, jedoch nicht die Thiolasereaktion. Deshalb geht die Fettsäuresynthese in vivo teilweise andere Wege. Sie ist $NADPH_2$-abhängig und wird außerdem durch HCO_3^- stark gesteigert. Obwohl ^{14}C-markiertes CO_2 nicht in die fertige Fettsäure eingebaut wird, ist es stöchiometrischer Reaktionspartner bei diesem Prozeß. Es ist an der Bildung von Malonyl-CoA aus Acetyl-CoA beteiligt:

$$CH_3-CO-S-COA + {}^*CO_2 + ATP$$

$$\rightleftharpoons {}^*COOH-CH_2-CO-S-CoA + ADP + Ⓟ$$

In dieser Reaktion ist *Biotin*, das allgemein an Carboxylierungsreaktionen mitwirkt, als Co-Faktor beteiligt (carboxyliertes Biotin = „aktive Kohlensäure", Teil II, S. 170). Malonyl-CoA ist zusammen mit Acetyl-CoA Substrat der Fettsäuresynthese:

$$CH_3-CO-S-CoA + {}^*COOH-CH_2-CO-S-CoA$$
$$+ 2NADPH + 2H^+ \rightarrow CH_3-CH_2-CH_2-CO-S-CoA$$
$$+ HS-CoA + {}^*CO_2 + H_2O + 2NADP^+.$$

Die Kettenverlängerung erfolgt durch Verwertung weiterer Malonyl-CoA-Einheiten unter CO_2-Abspaltung und unter Verbrauch von $NADPH_2$.

Es scheint, daß in der Zelle zwei fettsäuresynthetisierende Systeme vorliegen. Eines davon, welches mit dem hier beschriebenen System identisch ist und zur de novo-Synthese von Fettsäure aus Acetyl-CoA führt, liegt vorwiegend in der löslichen Phase des Cytoplasmas, dem sogenannten Cystol vor. Der andere Weg ist ausschließlich mitochondrial, er stellt die Umkehrung der Fettsäureoxydation dar. Seine Hauptbedeutung scheint in der weiteren Verlängerung schon vorhandener Fettsäureketten zu liegen. Ein Teil des für die Fettsäuresynthese verwendeten Acetyl-CoA stammt aus den Mitochondrien. Die Mitochondrienmembran ist jedoch für Acetyl-CoA undurchlässig. Der Transporteur für Acetylgruppen aus den Mitochondrien in das Cytoplasma (und umgekehrt) ist das Carnitin. Dieses ist das Betain der β-Hydroxy-γ-aminobuttersäure

$$(CH_3)_3N^+-CH_2-\underset{\displaystyle OH}{\underset{|}{CH}}-CH_2-COOH$$

Carnitin

Auf beiden Seiten der Mitochondrienmembran kommt ein Enzym vor, welches eine Transacetylierung (oder allgemein Transacylierung) vom Acetyl-CoA zum Carnitin

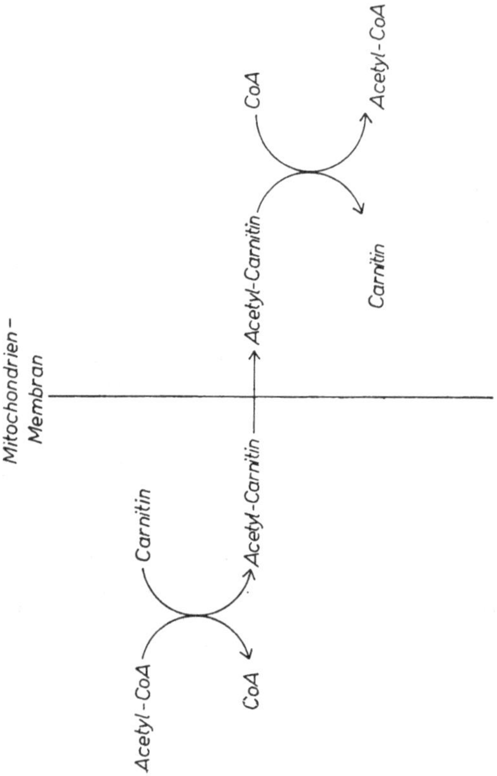

Abb. 2: Carnitin als Acetylgruppenüberträger durch die Mitochondrienmembran

katalysiert. Diese Reaktion ist glatt reversibel. Acetyl-Carnitin tritt durch die Mitochondrienmembran hindurch.

2.4. *Synthese von Triglyceriden und Phospholipiden*

Es bestehen teilweise gemeinsame Wege in der Biosynthese beider Substanzgruppen. Ein Vorläufer für die Phospholipide und die Triglyceride in vivo ist freies Glycerin. Dieses entsteht entweder im anaeroben Abbau der Kohlenhydrate oder aus den aufgenommenen Fetten. Ein wichtiges Zwischenprodukt für die Synthese sind die Phosphatidsäuren, deren Bildung aus Glycerin, Fettsäuren und ATP in Leberextrakten festgestellt werden konnte. Glycerin-1-phosphat kann auch aus Dioxyacetonphosphat mittels Glycerin-1-phosphat-Dehydrogenase gebildet werden.

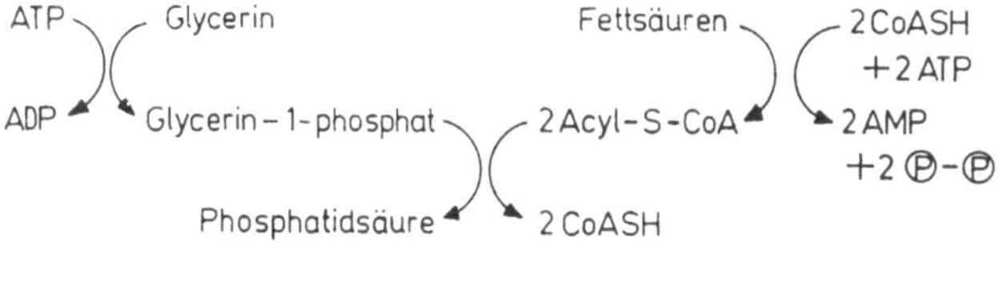

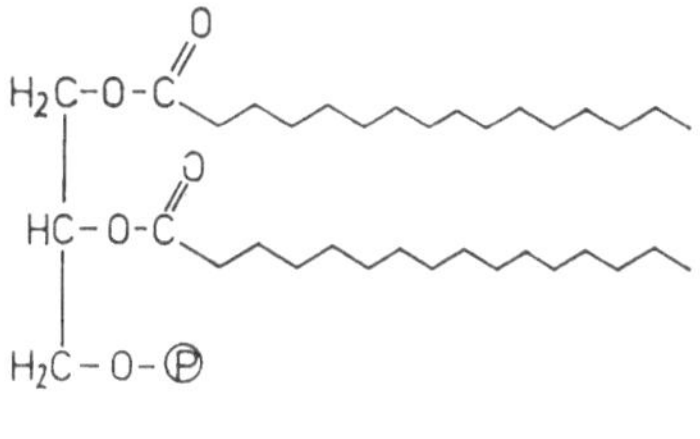

Dipalmitylphosphatid-Säure

Auch die Bildung von *Phosphatidsäuren* aus dem Diglycerid

Diglycerid + ATP → Phosphatidsäure + ADP

ist beschrieben worden.

Bei der *Synthese* von *Triglyceriden* kommt es danach zur Abspaltung von anorganischem Phosphat und zur Reaktion mit einem dritten Molekül aktiver Fettsäure unter Abgabe von CoA.

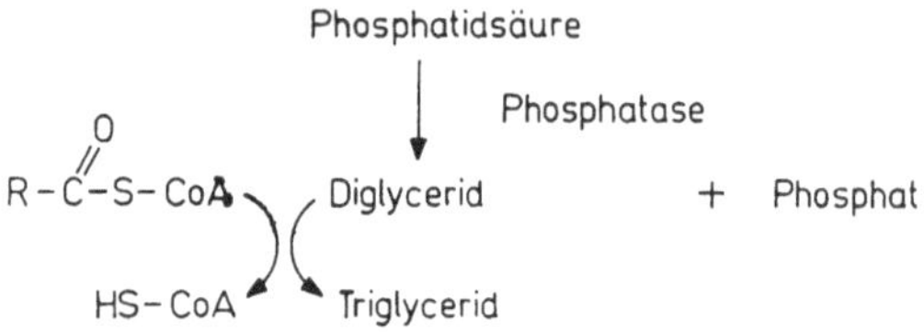

Die Synthese der *Phospholipide (Lecithin, Kephalin)* verläuft bis zur Stufe der Phosphatidsäuren übereinstimmend mit der Synthese der Neutralfette. Danach findet die Einfügung von *Cholin* bzw. *Colamin*, nachdem diese Basen vorher aktiviert wurden, statt. Neben ATP ist daran *Cytidintriphosphat* (CTP) beteiligt.

Der letzte Schritt in der Bildung der Phosphatide besteht in der Reaktion eines Diglycerides mit dem *CDP-Cholin*.

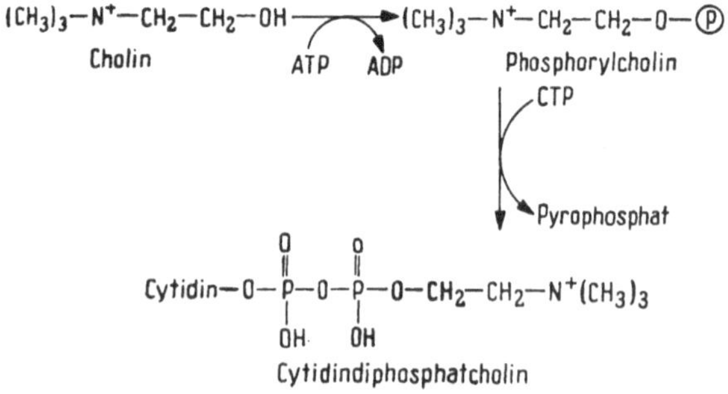

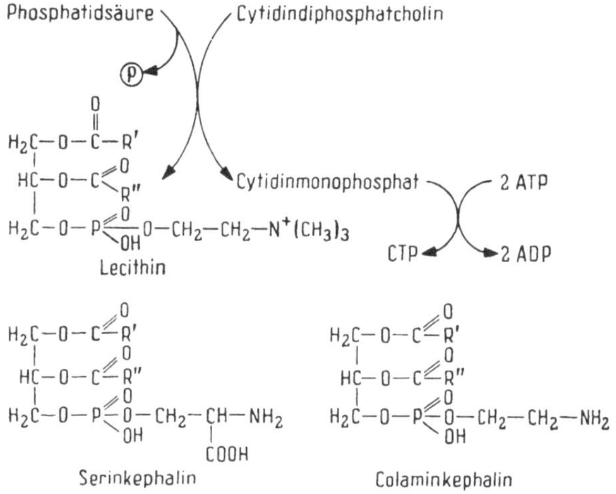

Die Synthese der Sphingomyeline konnte in neuerer Zeit weitgehend aufgeklärt werden.

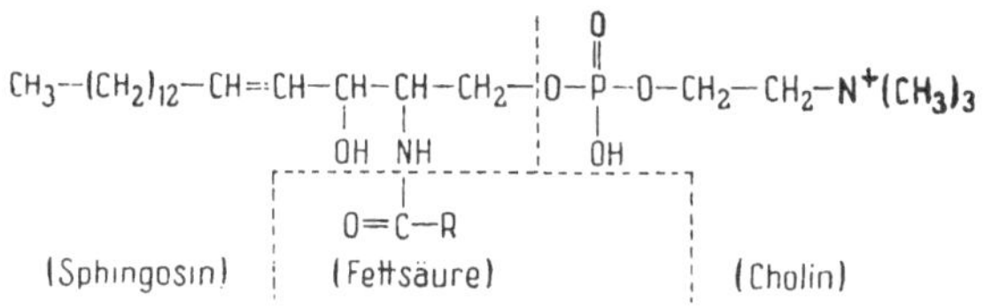

Mittels ^{14}C-markierter Verbindungen konnte nachgewiesen werden, daß der Aminoäthanolanteil des *Sphingosins* aus dem Serin stammt, während der übrige Teil des Sphingosinmoleküls aus aktiver Essigsäure aufgebaut wird. Auch an der Biosynthese der Sphingomyeline ist CDP-Cholin beteiligt.

Die Bildung der im Gehirn vorkommenden *Cerebroside* aus dem Sphingosin erfolgt unter Verwertung von UDP-Galaktosid.

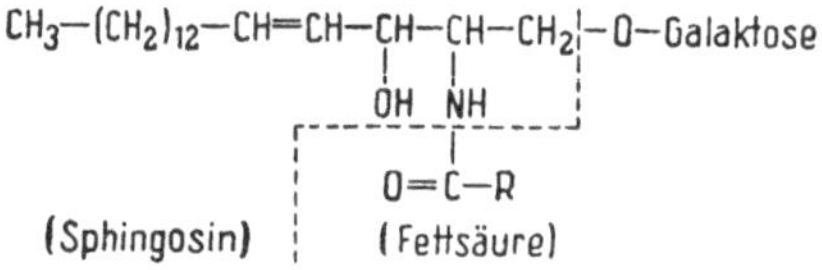

Über den Stoffwechsel der *Plasmalogene* und der in den *Glykolipiden (Ganglioside)* vorkommenden Neuraminsäure ist man noch ungenügend unterrichtet.

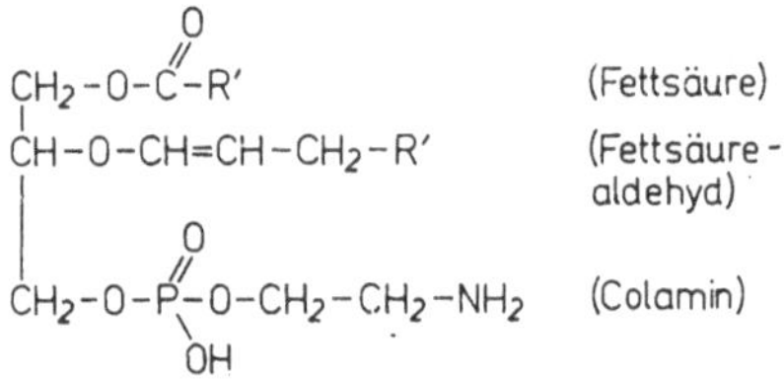

Plasmalogen

Die neuraminsäurehaltigen Ganglioside kommen im Gehirn und in anderen Geweben vor. Sie sind auch Bestandteile der virusbildenden Rezeptoren menschlicher Erythrocyten. Diese Virusrezeptoren können z. B. durch ein Enzym aus *Vibrio cholerae* zerstört werden.

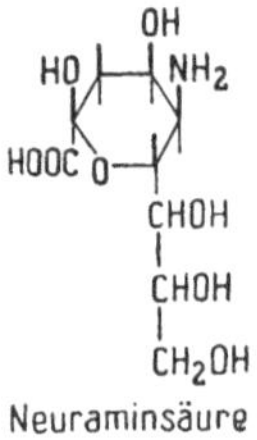

Neuraminsäure

2.5. *Abbau der Phospholipide*

Es ließen sich verschiedene Angriffspunkte von Enzymen unterschiedlicher Spezifität an Phospholipiden nachweisen. Im Formelbild sind diese Wirkungen auf das *Lecithin* dargestellt.

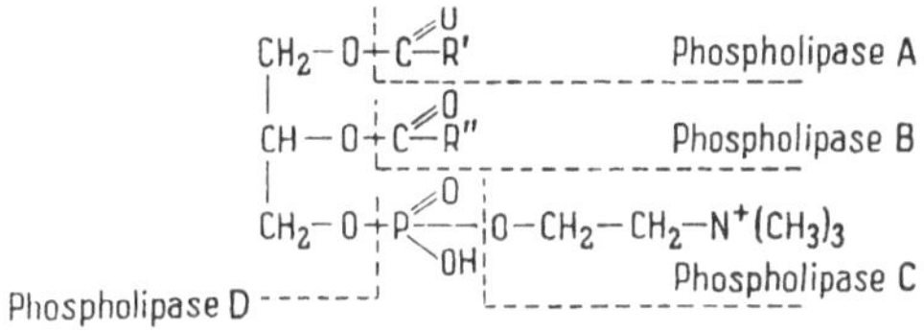

Phospholipase A führt zur Bildung von *Lysolecithin* (dieses bewirkt Hämolyse der Erythrocyten). Man findet sie im Schlangen- und Bienengift. *Phospholipase B* spaltet nur *Lysophosphatide,* sie führt zur Entstehung von Glycerinphosphatcholin. Diese beiden Enzyme wurden auch im Pankreas (Verdauungsenzym) und in anderen tierischen Geweben gefunden. Die *Phospholipasen C* und *D* sind Phosphodiesterasen. Sie sind pflanzlicher und mikrobieller Herkunft.

2.6. Stoffwechsel der Steroide

Die hierher gehörenden Verbindungen haben als chemisches Grundgerüst die Struktur des *Cyclopentanoperhydrophenanthrens (Steran)*; davon lassen sich formal durch Einführung von Substituenten alle *Steroide* ableiten.

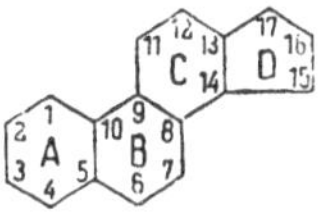

Die *Sterine* sind einwertige, sekundäre Alkohole, deren OH-Gruppe am C-Atom 3 sitzt. Außerdem enthalten sie in Stellung 10 und 13 je eine Methylgruppe. Im *Cholesterin,* dem wichtigsten Sterin des tierischen Organismus, befindet sich in Stellung 17 eine Seitenkette mit 8 C-

Atomen. Zwischen den C-Atomen 5 und 6 befindet sich eine Doppelbindung (diese wird durch ein Δ und die Nummer des C-Atoms, an dem sie beginnt, symbolisiert). Die beiden Methylgruppen an den C-Atomen 10 und 13 sowie die Hydroxylfunktion am C-Atom 3 und das Wasserstoffatom am C-Atom 8 sollen auf der Vorderseite des Moleküls stehen, was durch eine ausgezogene Linie dargestellt und als β-Stellung benannt wird. Die Wasserstoffatome an den C-Atomen 9, 14 und 17 stehen in α-Stellung, d. h. auf der Rückseite des Moleküls, was im Formelbild durch punktierte Linien zum Ausdruck gebracht wird.

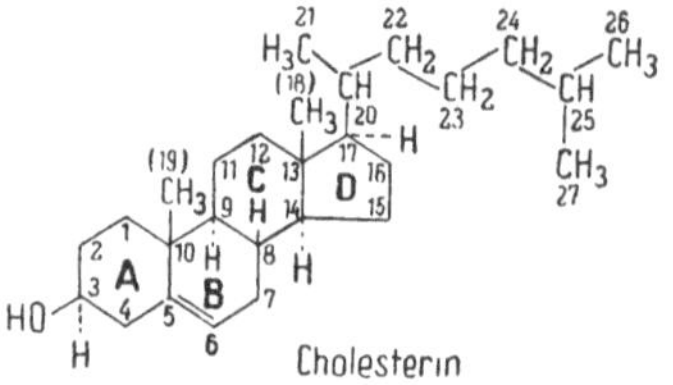

Cholesterin

Die Steroide gehören zur großen Gruppe der Lipide. Ursprünglich war diese Zuordnung nur auf Grund ihrer hydrophoben Eigenschaften erfolgt, da sie in Wasser unlöslich, mit einer Reihe organischer Lösungsmittel aber extrahierbar sind. Inzwischen hat sich diese Eingruppierung auch als biochemisch gerechtfertigt erwiesen, denn besonders durch die Arbeiten von Bloch und Lynen wurde gezeigt, daß das Acetyl-CoA auch Substrat der Steroidsynthese ist. Untersuchungen an Tieren zeigten vorher, daß eine größere Menge Cholesterin ausgeschieden, als mit der Nahrung aufgenommen wird. Es wurde mit Hilfe markierter Verbindungen die Suche nach den Vorstufen des Cholesterins aufgenommen. Dabei konnte gezeigt werden, daß radioaktiv markiertes Acetat in das Cholesterin eingebaut wird. Wie weitere Untersuchungen ergaben, stammen 15 Kohlenstoffatome aus der Methyl- und 12 Kohlenstoffatome aus der Carboxylgruppe des

Acetats. Bei diesen Arbeiten stellte sich heraus, daß Cholesterin nicht unbedingt aus C_2-Einheiten entstehen muß, denn bei der Verwendung der isoprenähnlichen Isovaleriansäure erscheinen die Methylgruppen der Isovaleriansäure fünfmal schneller im Cholesterin als die der Essigsäure. Als man in den folgenden Untersuchungen in der C-17-Seitenkette des Cholesterins eine isoprenoide Struktur fand, wurde nach einer biogenetischen Beziehung zwischen den Isoprenoiden und den Steroiden gesucht. Im *Squalen*, das schon lange als isoprenoides Lipid der Haifischleber bekannt war, wurde ein wichtiges Zwischenglied der Cholesterinsynthese gefunden. Die Umwandlung des Squalens zum Cholesterin erfordert Ringschlüsse und Eliminierung von 3C-Atomen. (Über die Synthese des β-Hydroxy-β-methylglutaryl-CoA siehe S. 80.)

Mit Hefeextrakten konnten auf enzymatischem Wege sämtliche Zwischenstufen vom Acetyl-CoA bis zum Squalen synthetisiert werden. Das aus Acetyl-CoA und Acetoacetyl-CoA entstehende β-Hydroxy-β-methylglutaryl-CoA wird in einer $NADPH_2$-abhängigen Reaktion in *Mevalonsäure* (I) umgewandelt. Diese wird unter ATP-Verbrauch bis zum Mevalonsäure-5-pyrophosphat (II) aufphosphoryliert. Durch CO_2- und Wasserabspaltung entsteht aus II das *Isopentenylpyrophosphat* (III). In dieser Verbindung liegt das für die Synthese vieler Naturstoffe wichtige *aktive Isopren* vor. Das aktive Isopren wird enzymatisch zum 3,3-Dimethylallylpyrophosphat (IV) isomerisiert. Je ein Molekül III und IV kondensieren zum *Geranylpyrophosphat* (V). Durch Kondensation eines weiteren Moleküls III mit V entsteht das *Farnesylpyrophosphat* (IV), dessen Dimerisierung zum *Squalen* führt.

Aus dem Squalen entsteht durch Cyclisierung *Lanosterin*, welches acht assymmetrische Zentren enthält. Aus diesem entsteht über mehrere, z. T. noch hypothetische Zwischenprodukte schließlich das Cholesterin (s. Formelbild). Die Entfernung der Methylgruppen erfolgt

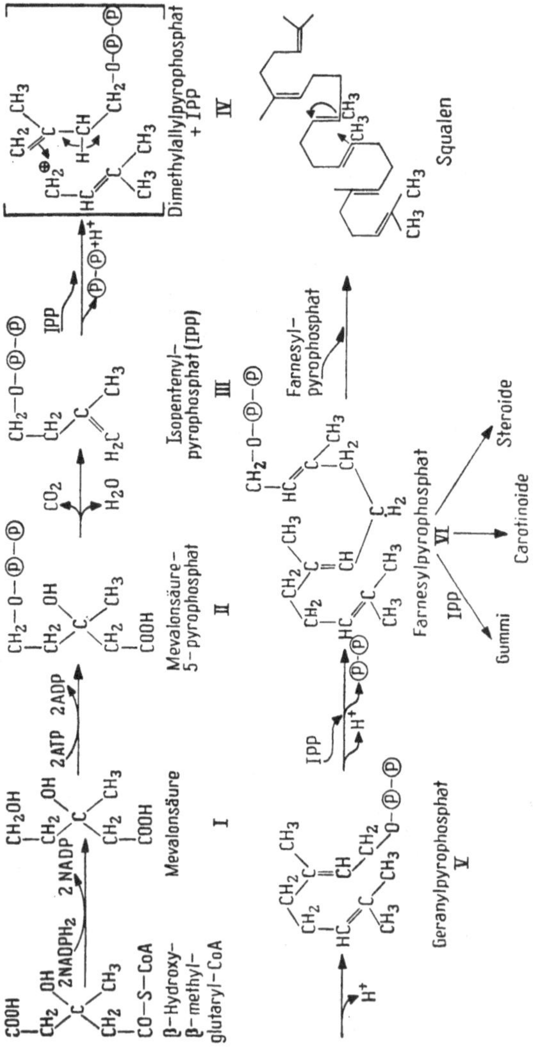
β-Hydroxy-β-methyl-glutaryl-CoA
2 NADPH2
2 NADP
Mevalonsäure
I
2 ATP
2 ADP
Mevalonsäure-5-pyrophosphat
II
CO2
H2O
Isopentenyl-pyrophosphat (IPP)
III
IPP
Dimethylallylpyrophosphat + IPP
IV
H+
Geranylpyrophosphat
V
IPP
Farnesylpyrophosphat
VI
Gummi
Carotinoide
Steroide
Farnesyl-pyrophosphat
Squalen

durch deren Oxydation zum Kohlendioxyd. Die Reduktion der Doppelbindung in der Seitenkette erfolgt durch NADPH.

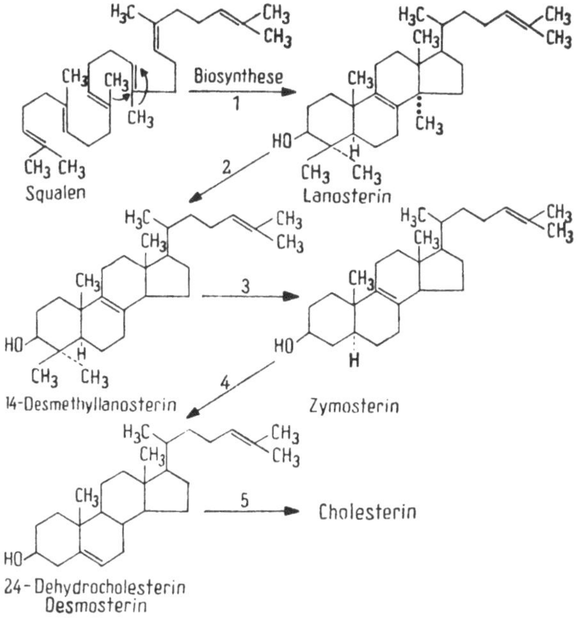

2.6.1. *Gallensäuren*

Im Säugetierorganismus kann das Cholesterin in C_{24}-Gallensäuren umgewandelt werden, wobei zuerst in Stellung 7 und 12 des Steroidgerüstes zwei Hydroxylgruppen eingebaut werden und danach der Isopropylrest der Seitenkette oxydativ abgespalten wird. In der Gallenflüssigkeit der Primaten treten hauptsächlich drei Säuren auf, und zwar: *Chenodesoxycholsäure*, *Cholsäure* und *Desoxycholsäure*. Sie kommen peptidartig mit Glycin verbunden als Glykochol- und mit Taurin als Taurochol-

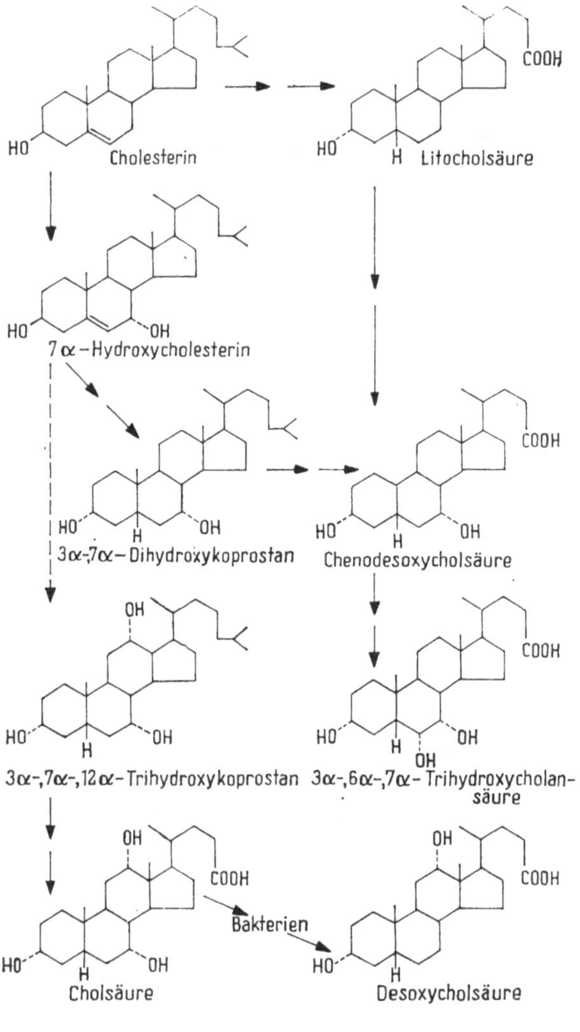
COOH
HO
Cholesterin
HO
H
Litocholsäure
HO
OH
7α-Hydroxycholesterin
COOH
HO
H
OH
3α-,7α-Dihydroxykoprostan
HO
H
OH
Chenodesoxycholsäure
OH
COOH
HO
H
OH
3α-,7α-,12α-Trihydroxykoprostan
HO
H
OH
OH
3α-,6α-,7α-Trihydroxycholansäure
OH
COOH
OH
COOH
Bakterien
HO
H
OH
Cholsäure
HO
H
Desoxycholsäure

säuren vor. Der tierische Organismus scheint, im Gegensatz zu manchen Mikroorganismen, die Seitenkette mittels β-Oxydation nicht weiter abzubauen. Verschiedene Streptomyces-Arten wachsen mit Cholsäure als einziger Kohlenstoffquelle.

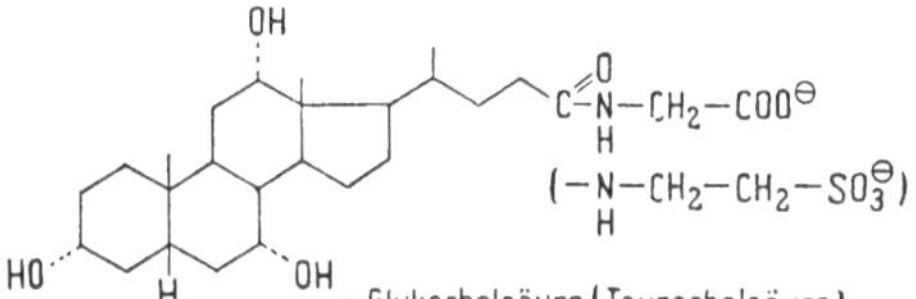

Glykocholsäure (Taurocholsäure)

Als direkte Abbauprodukte des Cholesterins erscheinen im Kot Cholestanol (Dihydrocholesterin) und Koprostanol, die durch Reduktion im Darm entstehen.

2.6.2. Steroidhormone

Diese wichtige Gruppe von Hormonen läßt sich formal ebenfalls vom Steran herleiten. Sie werden in der Nebennierenrinde, in den Ovarien und Testes und im Corpus luteum (Gelbkörper) produziert. In der Nebennierenrinde werden neben einigen Sexualhormonen Hormone mit Wirkungen auf den Kohlenhydratstoffwechsel (*glucocorticoide Hormone* s. S. 56) und den Mineralstoffwechsel gebildet *(mineralocorticoide Hormone, Aldosteron)*. Letzteres steigert die Rückresorption von Na^+-Ionen in der Niere. Die in den Ovarien, Testes und im Gelbkörper produzierten Steroidhormone werden als Sexualhormone bezeichnet, da ihre Hauptwirkung auf Ausbildung und normale Funktionsweise der Geschlechtsorgane sowie die Entwicklung der sekundären Geschlechtsmerkmale gerichtet ist. Auch in der Nebennierenrinde werden Geschlechtshormone gebildet. Bei den *Sexualhormonen* werden entsprechend ihrer physiologischen Wirkungen die weiblichen Sexualhormone, die *Östrogene* (Östradiol, Ostron und Östriol), die Gestagene (Schwangerschaftshormon,

Progesteron) und die männlichen Geschlechtshormone (*Androgene*, Androsteron, Testosteron) unterschieden. Es gibt keine scharfe Trennung bezüglich der Bildung der Sexualhormone zwischen den beiden Geschlechtern. Im männlichen Organismus überwiegen die Androgene, im weiblichen die Östrogene. Im Gelbkörper, in der Plazenta und in der Nebennierenrinde wird *Progesteron* gebildet. Das *Pregnandiol* kann als inaktives Abbauprodukt des Progesterons aus dem Harn isoliert werden.

Die Steroidhormone lassen sich in drei Gruppen einordnen:

C_{18}-Steroide (Östrogene): Östran.
C_{19}-Steroide (Androgene): Androstan.
C_{21}-Steroide (Nebennierenrindenhormone, Progesteron und Pregnandiol): Pregnan.

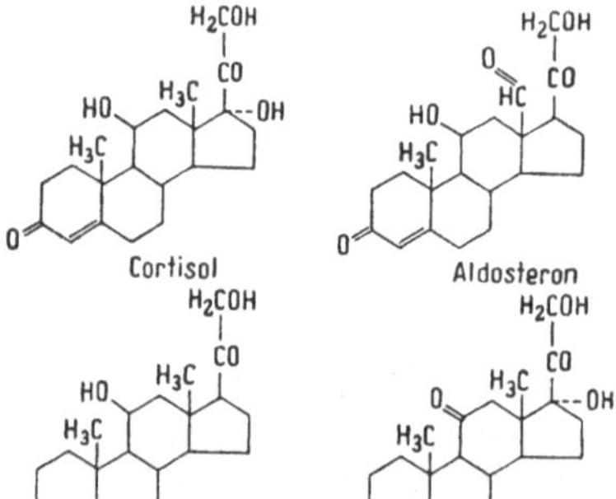

Nebennierenrindenhormone

Ebenso wie Cholesterin können auch die Steroidhormone biosynthetisch aus Acetat aufgebaut werden, wie Versuche mit markiertem Acetat ergaben. Dieser Weg läuft zumindest teilweise über die Cholesterinsynthese, denn alle Gewebe, die Steroidhormone bilden, enthalten Enzymsysteme, die aus Cholesterin Isocapronsäure abspalten können und dabei C_{21}-Verbindungen liefern.

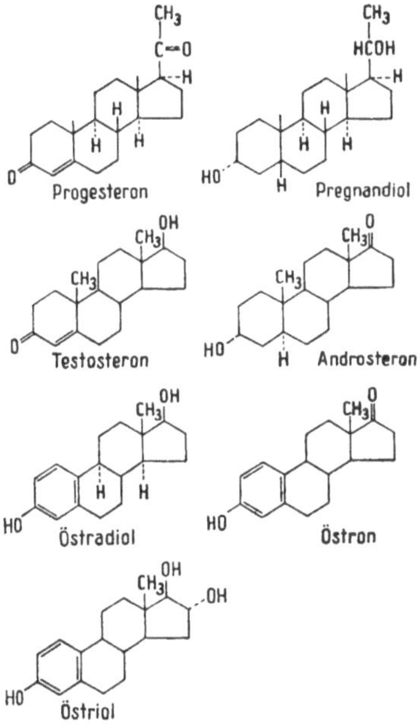

Sexualhormone

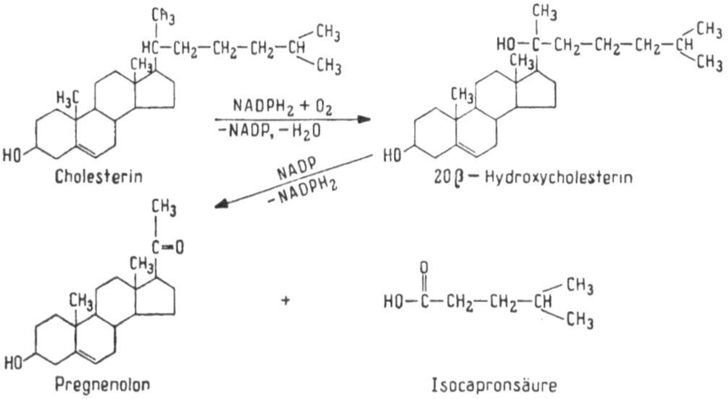

Synthese der Steroidhormone aus Cholesterin

Bei der Synthese der Steroidhormone findet neben der Abspaltung von C-Atomen auch eine enzymatische Hydroxylierung der Grundkörper statt, wozu $NADP^+$ als Coenzym notwendig ist.

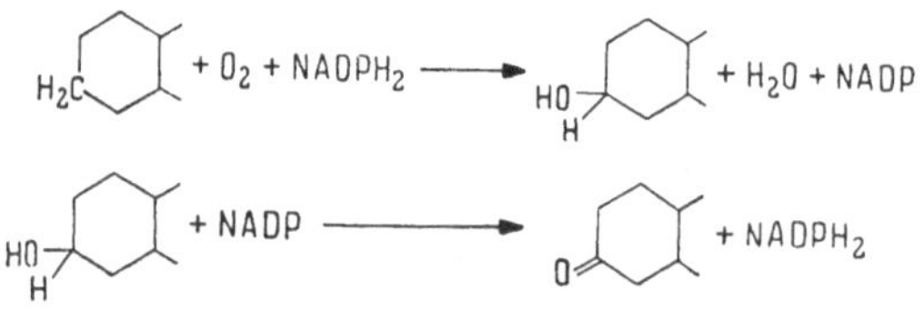

Außer der *Hydroxylierung* ist für die Bildung der Östrogene noch eine *Aromatisierung* des Ringes A notwendig. Eine wichtige Rolle spielt in der Plazenta und möglicherweise auch in anderen Organen die reversible Umwandlung von Östron in Östradiol. Das dazu notwendige Enzym, die *17-β-Hydroxysteroid-Dehydrogenase*, ist sowohl mit NAD^+ als auch mit $NADP^+$ aktiv. Somit ermöglicht diese Reaktion eine Wasserstoffübertragung von NAD^+ auf $NADP^+$, wie folgende Gleichungen zeigen:

$$\text{Östron} + NADH_2 \rightleftharpoons 17\text{-}\beta\text{-Östradiol} + NAD^+$$

$$17\text{-}\beta\text{-Östradiol} + NADP^+ \rightleftharpoons \text{Östron} + NADPH_2$$

$$NADH_2 + NADP^+ \rightleftharpoons NADPH_2 + NAD^+$$

Da $NADPH_2$ für viele Synthesen notwendig ist, kommt dieser Transhydrogenierungsreaktion eine große Bedeutung zu.

In der Kette der hormonalen Regulation ist die *Inaktivierung* und *Ausscheidung* der Hormone ein wesentliches Glied. Die Inaktivierung der Steroidhormone geschieht zum größten Teil in der Leber. Durch Hydierung der Keto-Gruppen wird bereits eine weitgehende oder vollständige Inaktivierung erreicht, wie das Pregnandiol als Reduktionsprodukt des Progesterons zeigt. Die Ausscheidung der Steroide erfolgt überwiegend als Sulfatester oder als Glucuronide.

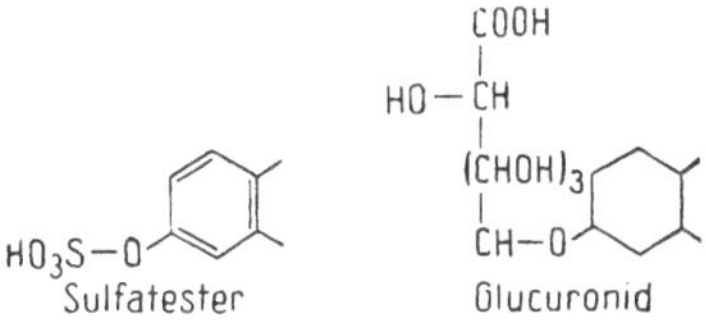

Sulfatester Glucuronid

2.6.3. D-Vitamine (Calciferole)

Chemisch eng verknüpft mit den Sterinen sind die Vitamine der D-Gruppe. Charakteristisch ist ihr aufgespaltener B-Ring. Die beiden wichtigsten Vertreter sind das Vitamin D_2 und das Vitamin D_3.

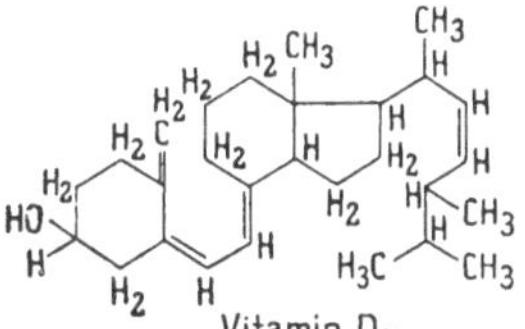

Vitamin D_2 (Ergocalciferol)

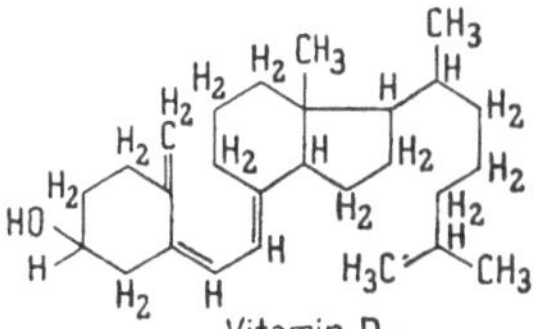

Vitamin D_3 (Cholecalciferol)

Sie entstehen aus den Provitaminen *Ergosterin (Vitamin D_2)* und *7-Dehydrocholesterin (Vitamin D_3)*, das in der Leber aus Cholesterin gebildet wird. Beim Fehlen der D-Vitamine kommt es beim Menschen zu dem lange bekannten Krankheitsbild der Rachitis, bei dem infolge ungenügender Entwicklung und Verkalkung des Skeletts Deformationen der Knochen auftreten. Von großer Bedeutung war die Entdeckung, daß das Auftreten der Rachitis durch mangelhafte Sonnenbestrahlung begünstigt wird (Englische Krankheit). Nicht nur eine Bestrahlung des Körpers wirkt antirachitisch, im Tierversuch genügt bereits eine Bestrahlung des Futters. Daraus zog man die Schlußfolgerung, daß eine inaktive Provitaminstufe existieren müsse, die durch Bestrahlung in die aktive Form übergeht. Von WINDAUS wurde Ergosterin durch UV-Bestrahlung in Vitamin D_2 umgewandelt.

Das *natürliche*, bei Mensch und Tier vorkommende *Provitamin* ist das *7-Dehydrocholesterin*, das in der Haut angereichert ist und aus dem durch photochemische Öffnung des Ringes B das Vitamin D_3, das eine höhere Wirksamkeit als Vitamin D_2 hat, entsteht. Daneben existieren noch andere Provitamine, deren aktive Formen zum Teil wesentlich weniger wirksam sind als die Vitamine D_2 und D_3. Wichtig für den Provitamincharakter sind offensichtlich zwei Doppelbindungen im B-Ring des entsprechenden Sterins.

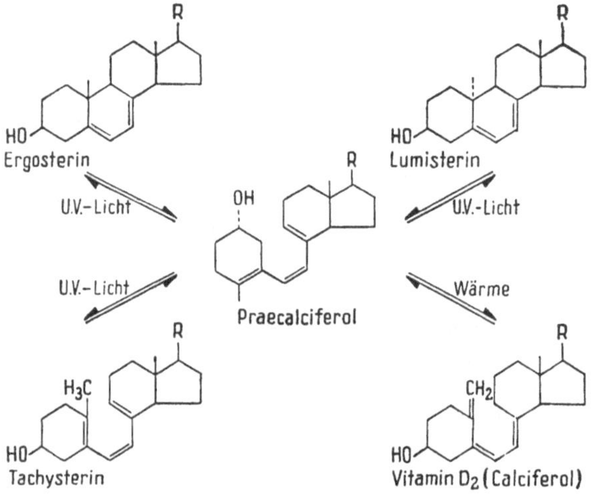

Die Wirkung der D-Vitamine besteht in einer Steigerung der Ca-Resorption im Dünndarm sowie in einer Förderung des Verknöcherungsprozesses und der Entwicklung der Knochenmatrix. Darüber hinaus haben sie allgemein eine positive Wirkung auf das Wachstum. Überdosierungen der D-Vitamine führen zu Verkalkungen der Niere und anderer Organe (Hypervitaminose).

2.6.4. *Isoprenoide*

Im *aktiven Isopren (Isopentenylpyrophosphat)* hat man die Substanz gefunden, die nicht nur für die Biosynthese der Steroide wichtig ist, sondern darüber hinaus der Grundbaustein einer weiteren Gruppe von Naturstoffen darstellt.

Dazu gehören u. a. Kautschuk, Carotinoide und Terpene. Diesen sehr unterschiedlichen Substanzen ist gemeinsam, daß sie aus zwei oder mehreren C_5-Einheiten bestehen. Ihre Struktur läßt sich vom Isopren $\left(H_2C{=}C(CH_3){-}CH{=}CH_2\right)$ ableiten, weshalb diese Verbindungen unabhängig von ihrer Struktur als *Isoprenoide* bezeichnet werden. Von besonderer Bedeutung sind unter diesen Verbindungen die *Carotinoide*, bei denen es sich um C_{20}- und C_{40}-Verbindungen handelt. Sie sind weit verbreitet.

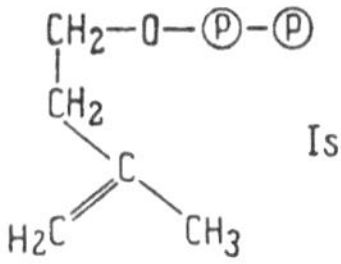

Isopentenyl-Pyrophosphat (IPP)

Wichtige Carotinoide sind: α, β- und γ-*Carotin* sowie *Lycopin*, der rote Farbstoff der Tomaten. Bei den Carotinoiden lassen sich folgende 4 Gruppen chemisch unterscheiden:

1. Kohlenwasserstoffe (Carotine),
2. Keton- und Hydroxyderivate (Xanthophyll),
3. Carotinoidsäuren,
4. Xanthophyllester.

Die zahlreichen konjugierten Doppelbindungen in den Carotinen rufen ihre kräftige Färbung hervor. Formal kann man sich die α-, β- und γ-Carotine durch Ringschluß am Kettenende vom Lycopin abgeleitet denken (Jononbildung). Höhere Pflanzen synthetisieren sowohl Sterine als auch Carotinoide; dies gilt auch für viele Pilze und Hefen. Einige Bakterien dagegen können nur Carotinoide bilden. Tierische Lebewesen synthetisieren die Sterine, nicht aber die genannten Carotinoide, obwohl sie Squalen aufbauen können.

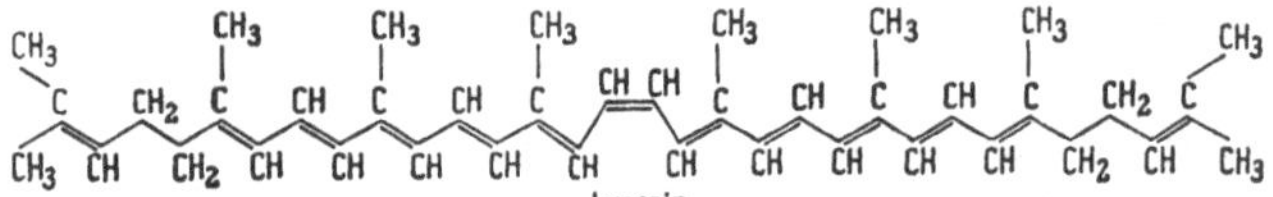

Lycopin

Lycopin

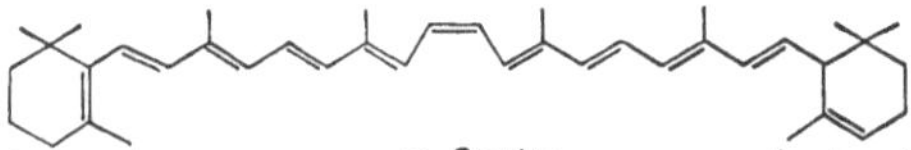
(β-Jonon) α-Carotin (α-Jonon)

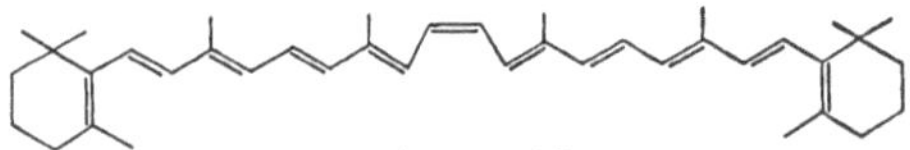
(β-Jonon) (β-Carotin) (β-Jonon)

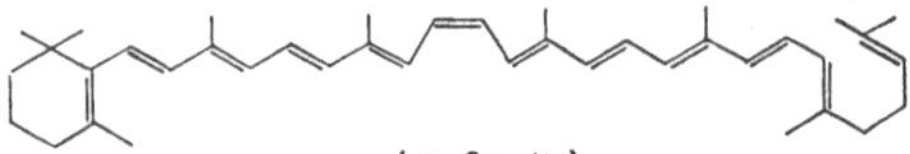
(β-Jonon) (γ-Carotin)

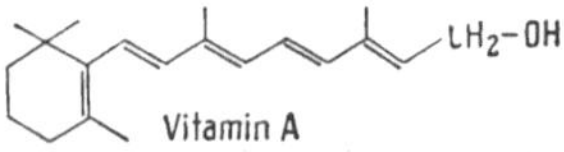

Vitamin A

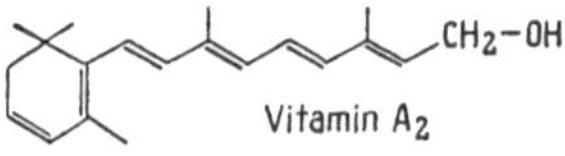

Vitamin A2

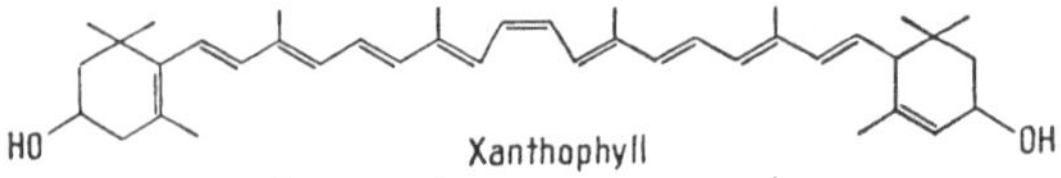

Xanthophyll

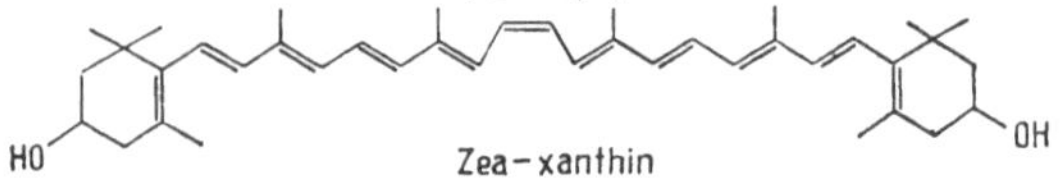

Zea-xanthin

Für Tiere spielen die Carotine die Rolle von Provitaminen des Vitamin A. Besonders aktiv ist dabei das β-Carotin, aus dem 2 Moleküle Vitamin A entstehen, da die beiden Ringe im β-Carotin die Struktur von β-Jononringen besitzen, und Vitamin A ebenfalls einen β-Jononring enthält. α- und γ-Carotin bilden nur je ein Molekül Vitamin A, weil sie nur an einem Kettenende einen β-Jononring besitzen. Vitamin A heißt auch Retinol. Das 3-Dehydroderivat des Retinols, welches eine konjugierte Doppelbindung mehr im β-Jononring enthält, heißt Vitamin A_2 (Retinol$_2$).

2.6.5. *Bedeutung des Vitamin A für den Sehvorgang*

Vitamin A ist von besonderer Bedeutung für den *Sehvorgang*. Es kommt in den *Stäbchen* und *Zapfen* der Netzhaut vor. Dort bildet sein Aldehyd *(Retinal$_1$* und *Retinal$_2$)* mit spezifischen Eiweißen *(Opsinen)* „Sehstoffe" oder Sehpigmente, die unter der Einwirkung von Licht zerfallen. Das Sehpigment, welches am längsten bekannt ist, ist der Sehpurpur oder *Rhodopsin*. Die Retinale werden aus den entsprechenden Retinolen mit NAD und Alkoholdehydrogenase gebildet.

Absorptionsmaximum (λ, nm)

$$\text{Retinol}_1 \underset{\text{NADH}}{\overset{\text{NAD}^+}{\rightleftharpoons}} \text{Retinal}_1 \begin{cases} + \text{ Stäbchenopsin} \overset{\text{Licht}}{\rightleftharpoons} \text{Rhodopsin} & 500 \\ + \text{ Zapfenopsin} \overset{\text{Licht}}{\rightleftharpoons} \text{Jodopsin} & 562 \end{cases}$$

$$\text{Retinol}_2 \underset{\text{NADH}}{\overset{\text{NAD}^+}{\rightleftharpoons}} \text{Retinal}_2 \begin{cases} + \text{ Stäbchenopsin} \rightleftharpoons \text{Porphyropsin} & 522 \\ + \text{ Zapfenopsin} \rightleftharpoons \text{Cyanopsin} & 620 \end{cases}$$

Die Retinale sind die *chromophoren Gruppen* der Sehpigmente, sie kommen in diesen in der sterisch gehinderten 11-cis Configuration vor (Neoretinin). Dieses Isomer ist an der cis-Bindung, infolge der räumlichen Verhältnisse, die sich durch den am Wasserstoff am C_{10} und die Methylgruppe am C_{13} ergeben, gekrümmt und gebogen. Aus diesem Grunde ist es thermodynamisch sehr instabil und kann durch Photoisomerisierung leicht in die all-trans-Form mit hoher Quantenausbeute übergeführt werden. Dieser Isomerisierungsprozeß scheint die einzigste lichtabhängige Reaktion beim Sehvorgang zu sein. Alle anderen Reaktionen sind „Dunkel"-Reaktionen, die der eigentlichen Photoreaktion nachgeordnet sind. Die Verbindung zwischen all-trans-Retinal und Opsin ist labil, sie kann nur bei der Temperatur des flüssigen Stickstoff stabil erhalten werden. In der Netzhaut zerfällt diese Verbindung, wahrscheinlich über mehrere Zwischenprodukte (Lumirhodopsin, Metarhodopsin), spontan, wobei eine Conformationsänderung des Proteins eintritt. Diese erkennt man daran, daß dabei zwei -SH-Gruppen und eine H^+-bindende Gruppe (pK 6,6) des Opsins reaktionsfähig werden. Diese Conformationsänderung scheint den eigentlichen Prozeß einzuleiten, der zur Erregung des Sehnerven führt. Es wird vermutet, daß der Erregungsvorgang eine Kette von Enzymreaktionen ist *(„biochemischer Photomultiplier")*.

11-cis-Retinal ist an das Opsin unter Bildung einer Schiffschen Base an die ε-Aminogruppe eines Lysinmoleküls gebunden. Das nach der Photoreaktion freigesetzte all-trans-Retinal wird durch die in der Retina vorkommende Retinalisomerase zum 11-cis-Retinal isomerisiert und danach wieder an das Opsin gebunden. Durch die ebenfalls auch in der Retina vorkommende Alkoholdehydrogenase, kann Retinal zum Retinol reduziert werden und nach seiner Isomerisierung in die cis-Form und seiner Dehydrierung zum 11-cis-Retinal ebenfalls wieder zur Synthese von Sehpigment benutzt werden.

Beim Rhesusaffen und beim Menschen hat man durch direkte Mikrospektrophotometrie der Fovea und einzelner Zapfen drei verschiedene Farbsehpigmente mit Absorptionsmaxima bei 440, 540 und 570 nm nachgewiesen. Sie enthalten als chromophore Gruppe übereinstimmend 11-cis-Retinal, sie unterscheiden sich aber voneinander durch die Natur ihres Eiweißanteils, des Opsins.

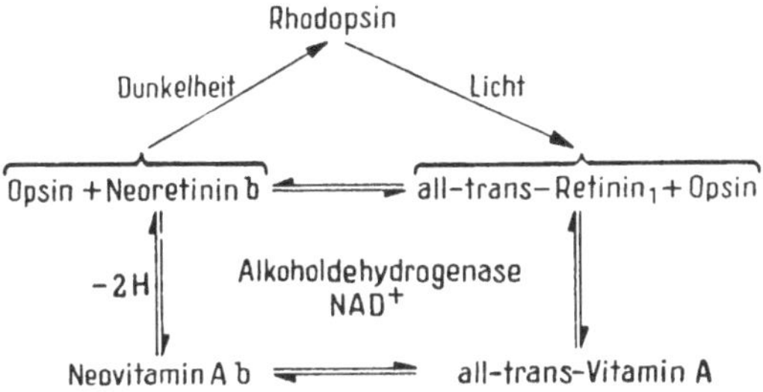

2.7. Der Fettstoffwechsel des Organismus und seine Regulation

Alle Fette und Lipide unterliegen im Organismus einer ständigen *Erneuerung*. Mittels Deuterium, und ^{14}C, wurde die biologische Halbwertszeit der Fettsäuren in der Rattenleber zu 2—3 Tagen und im Rattenhirn zu etwa 8 Tagen bestimmt. Ständig vollzieht sich ein Austausch von Fetten zwischen den peripheren Fettdepots und der Leber.

In rößerem Umfang findet eine Umwandlung von Kohlenhydrat in Fett, nicht aber umgekehrt statt. Orte hierfür sind sowohl die Leber als auch das relativ stoffwechselaktive Fettgewebe. Es gilt die Regel, daß ein Kohlenhydrat-Überschuß in der Nahrung als Depotfett angelegt wird. Interessant ist auch, daß das periphere Fettgewebe Glykogen aus Glucose zu synthetisieren vermag.

Das eigentliche *Zentrum* des *Fettstoffwechsels* ist die *Leber*. Hier findet man große Mengen der Enzyme der Fettsäurespirale und der Ketonkörperbildung. Man findet auch hier eine Umwandlung der Fettsäuren ineinander. Der Organismus des höheren Tieres ist jedoch nicht in der Lage, mehrfach ungesättigte Fettsäuren (Linolsäure,

Linolensäure, Arachidonsäure) zu synthetisieren (essentielle Fettsäuren).

Eine besondere Bedeutung im Fettstoffwechsel der Leber kommt den sogenannten *lipotropen Substanzen* zu. Diese sind in der Lage, eine Verfettung der Leber zu verhindern. Man zählt dazu *Cholin* und *Methionin*, die beide durch das Vorhandensein von labilen Methylgruppen ausgezeichnet sind. Methyl-Acceptoren, z. B. Guanidinoessigsäure oder Nicotinsäureamid, vermögen umgekehrt die Leberverfettung zu begünstigen.

Die Wirkungsweise lipotroper Substanzen scheint darin zu bestehen, daß sie entweder direkt als Substrate für die Phosphatidsynthese fungieren oder diese begünstigen. Die Phosphatide spielen eine große Rolle beim Abtransport der Fettsäuren aus der Leber in die Peripherie.

Weitere Organe des Fettstoffwechsels sind die Muskulatur und die Milchdrüse. Die Muskulatur ist in der Lage, Ketonkörper in großem Umfang, aber auch längerkettige Fettsäuren zu verwerten. Der Herzmuskel deckt einen beträchtlichen Teil seines Energiebedarfs durch Oxydation von Fettsäuren. Ihre Quellen sind sowohl die Triglyceridfraktion des Blutplasmas, als auch die an Albumin gebundenen nichtveresterten freien Fettsäuren. Vor der Aufnahme durch das Myocard werden die Triglyceride durch die hydrolytisch wirkende Lipoproteidlipase, die in oder in der Nähe der Zellmembran lokalisiert ist, aufgespalten.

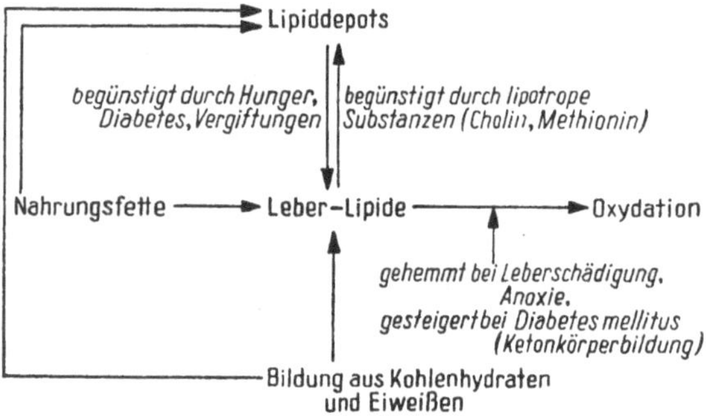

Die lactierende Milchdrüse synthetisiert Fette und Lactose sowie Eiweiß in beträchtlichem Ausmaß.

Im Blutplasma kommen Triglyceride, Phosphatide sowie Cholesterin (frei und verestert) und freie Fettsäuren vor. Sie sind an die verschiedenen Plasmaproteine gebunden, wodurch die Transportformen der Plasmalipide entstehen (Lipoproteide). Als lipidtransportierende Eiweiße kommen Albumine sowie α- und β-Globuline in Betracht.

2.8. Hormone des Fettstoffwechsels

Auf den Fettstoffwechsel wirken verschiedene Hormone. Das *Wachstumshormon* (somatotropes Hormon) des *Hypophysenvorderlappens* steigert den Lipidgehalt der Leber sowie die Fettsäureoxydation und die Ketonkörperbildung in diesem Organ.

Antagonistisch hierzu wirkt das *Insulin* das den Fettsäureabbau hemmt und die Fettsäuresynthese fördert. Es entfaltet seine Wirkung in der Leber und im peripheren Fettgewebe. Es fördert die Aufnahme der freien Fettsäuren in das Fettgewebe und ihre Verwertung.

Das *Thyroxin* der Schilddrüse erhöht den Umsatz der Fette und senkt die Lipidkonzentration im Blutplasma. Unter seinem Einfluß kommt es zu einer Verringerung der Fettdepots.

Unter der Wirkung des *Adrenalins* steigen die Plasmalipide an. Die Ursache hierfür ist eine verstärkte Abgabe von Fetten aus dem Fettgewebe unter der Wirkung dieses Hormons.

Die *glucocorticoiden* Hormone und das *ACTH* erhöhen den Fettsäureabbau in der Leber und bewirken eine Nettoverschiebung der Lipide aus der Peripherie in die Leber.

Auch die *Sexualhormone* beeinflussen den Fettsäurestoffwechsel. Eine Kastration männlicher Tiere führt zu einem gesteigerten Fettansatz. Eine gesteigerte Synthese von Fett bewirken die Östrogene.

Die Lipolyse der Triglyceride im Fettgewebe ist die Quelle der freien Fettsäuren und des Glycerins im Blut. Wie bereits erwähnt, wird die Geschwindigkeit der Lipolyse durch die Höhe der Nahrungszufuhr und durch endokrine Faktoren geregelt.

Neben Adrenalin bewirken Noradrenalin, ACTH, Glucagon und das thyreotope Hormon des Hypophysenvorderlappens eine verstärkte Lipolyse im peripheren Fettgewebe. Der *gemeinsame Nenner* ihrer Wirkung scheint das *cyclische 3′,5′*-AMP zu sein, dessen Spiegel im Fettgewebe unter der Wirkung dieser Hormone ansteigt. In Extrakten aus Fettgeweben ist 3′,5′-AMP in der Lage, die Lipolyse zu steigern, offenbar infolge Aktivierung der Lipase. Da das 3′,5′-AMP als Transformationsglied oder Relaisstation in der Wirkungskette von stoffwechselwirksamen Hormonen fungiert, hat man diese Substanz als *„zweiten Messenger“ (Messenger = Botschafter)* bezeichnet (s. T. IV). Die antilipolytische Wirkung von Insulin im Fettgewebe wird auf eine durch dieses Hormon verursachte Senkung des 3′,5′-AMP-Spiegels zurückgeführt.

Die lipolysefördernde Wirkung des Wachstumshormons scheint einem anderen Mechanismus, als dem eben besprochenen, zu gehorchen. Im Gegensatz zu den anderen Hormonen, tritt nämlich die Wirkung des Wachstumshormones nicht sofort ein, sondern dauert einige Zeit. Das Wachstumshormon scheint die Synthese der Lipase induktiv zu stimulieren und auf diese Weise die Lipolyse zu steigern. Dies hat einen höheren Zeitbedarf, als die sofort eintretende Erhöhung der 3′,5′-AMP-Synthese.

Es wird daraus verständlich, daß die Funktionstüchtigkeit der Hypophyse Voraussetzung für die Ansprechbarkeit des Fettgewebes gegenüber Adrenalin, Thyreotropin, Glucagon u. a. ist.

3. Porphyrine und ihr Stoffwechsel

Porphyrine treten als prosthetische Gruppen einer Reihe von Proteinen auf, die in tierischen und pflanzlichen Zellen vorkommen. Wir finden sie sowohl im roten Blutfarbstoff der Tiere, im *Hämoglobin*, als auch im grünen Blattfarbstoff der Pflanzen, dem *Chlorophyll*, sowie in einigen Enzymen der biologischen Oxydation.

Die Fähigkeit zur Synthese des komplizierten Ringsystems aus einfachen Bausteinen ist in der belebten Natur weit verbreitet. Auf dem von Shemin entdeckten Weg entsteht aus Succinat und Glycin δ-Aminolävulinsäure, deren Kondensation zu Porphobilinogen führt. Durch Verknüpfung von 4 Porphobilinogenringen entsteht das Grundgerüst der Porphyrinverbindungen, das Uroporphyrin III. Über das Koproporphyrin III führt der Syntheseweg zum Protoporphyrin IX. Das Protoporphyrin IX besteht aus 4 Pyrrolringen, die durch Methinbrücken miteinander verknüpft sind (Porphin). Die Pyrrolringe tragen als Seitenketten 2 Propionsäurereste, 4 Methylgruppen und 2 Vinylgruppen. Die 4 Stickstoffatome der Pyrrolringe sowie 8 Kohlenstoffatome des Protoporphyrins stammen aus dem Glycin. Die übrigen 26 werden vom Acetat geliefert, wobei als Zwischenprodukt Succinat auftritt. Die Carboxylgruppen des Glycins gehen bei der δ-Aminolävulinsäuresynthese verloren. Nach dem Einbau von zweiwertigem Eisen entsteht das Häm, die farbgebende Gruppe des Hämoglobins. Wie bekannt, hat das Fe^{++}-Ion die Koordinationszahl 6, d. h., 6 Liganden können von einem Fe^{++}-Ion gebunden werden. Im Häm sind nur 4 Koordinationsstellen des Eisens vom Porphyrinskelett besetzt. Die beiden anderen Koordinationsstellen werden in diesen Chromoproteiden durch funktionelle Gruppen der Eiweiß-Komponente, nämlich durch Imidazolgruppen des Histidins, oder durch andere Liganden besetzt.

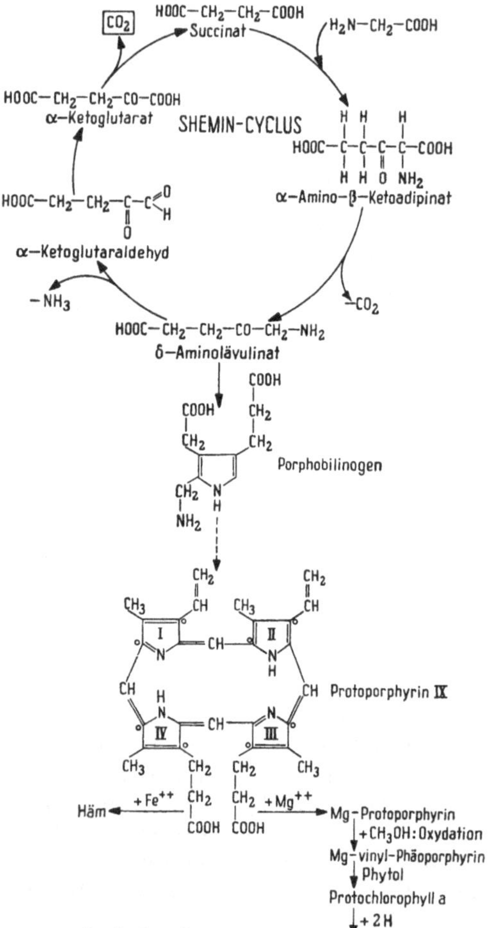

Porphyrinsynthese

Das Fe^{++}-Ion besitzt *paramagnetische* Eigenschaften, weil es ungepaarte Elektronen enthält. Wie Messungen am Hämoglobin zeigten, bleiben diese paramagnetischen Eigenschaften beim Einbau des Eisenions in den Porphyrinring erhalten, woraus sich ergibt, daß im Häm Ionenbindungen vorliegen. Käme es zu einer Absättigung der ungepaarten Elektronen, so würde das Molekül diamagnetisch werden. Der rote Blutfarbstoff, dessen Funktion im Sauerstofftransport besteht, enthält als Eiweißkomponente das Globin und besitzt ein Molekulargewicht von 64450. Dieses Molekül besteht aus 4 Proteinketten, von denen jede eine Hämgruppe enthält. Im Hämoglobin ist die 5. Koordinationsstelle durch eine Histidingruppe besetzt. An die 6. Koordinationsstelle wird Sauerstoff gebunden. Durch die Bindung von Sauerstoff wird das oxygenierte Hämoglobin diamagnetisch, woraus zu ersehen ist, daß aus den Ionenbindungen kovalente Bindungen geworden sind. Das Eisen im Häm bleibt beim Sauerstofftransport unverändert in der zweiwertigen Form. Nach Abgabe des Sauerstoffs bleibt die 6. Valenz möglicherweise frei.

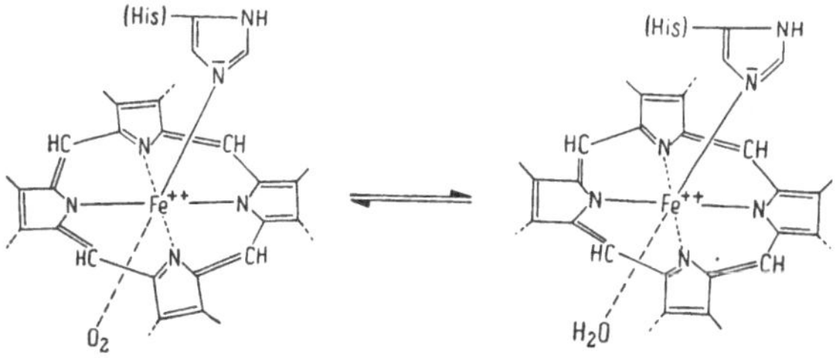

O_2-Bindung im Häm

Die Koordinationsstellen 5 und 6 lassen sich im Häm auch durch andere Stickstoffbasen, z. B. *Pyridin*, besetzen. Dabei entsteht das *Pyridinhämochromogen*, dessen räumliche Struktur folgendermaßen aussieht:

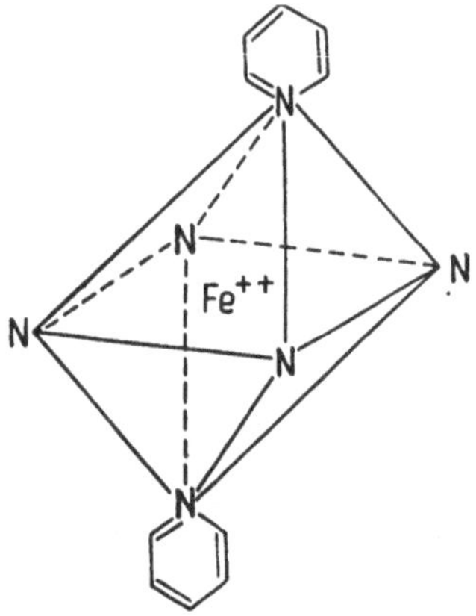

Durch Einwirkung von Oxydationsmitteln kann das Eisen im Hämoglobin zur 3wertigen Stufe oxydiert werden, wobei das *Methämoglobin* entsteht, das keinen Sauerstoff bindet.

Methämoglobin kann in den roten Blutzellen enzymatisch wieder reduziert werden. Durch Reduktionsmittel wie *Ascorbinsäure* kann dieser Prozeß beschleunigt

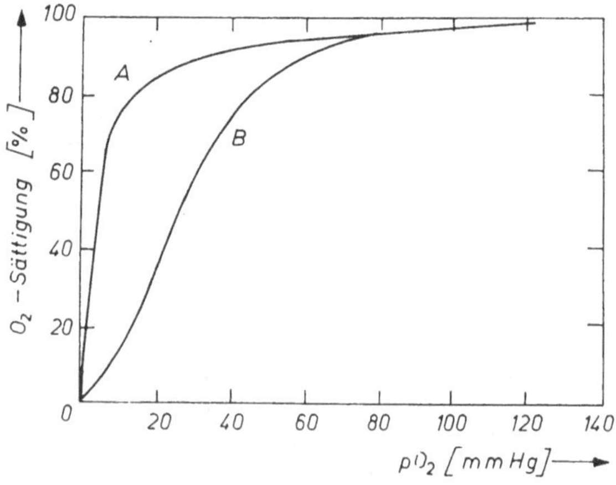

werden. Das Muskelgewebe enthält ein dem Hämoglobin ähnliches Chromoproteid, das *Myoglobin.* Es besteht nur aus einer Proteinkette und hat ein Molekulargewicht von 17000. Das Myoglobin hat eine größere Affinität zum Sauerstoff als das Hämoglobin, wodurch es in der Lage ist, bei kleinen Sauerstoff-Partialdrucken mehr Sauerstoff zu binden als das Hämoglobin. Dieser Unterschied hat große physiologische Bedeutung.

3.1. Abbau des Hämoglobins

Dort, wo Erythrocyten zugrunde gehen, wird Hämoglobin abgebaut, und es entstehen die Abbauprodukte des Häms. Vorwiegend geschieht dies in der Leber, aber auch im reticulo-endothelialen System der Milz und des Knochenmarks. Zuerst wird in einer $NADPH_2$-abhängigen Reaktion das Porphyrinringsystem unter Verlust der α-Methinbrücke zwischen Ring I und II durch eine Oxydase gespalten. Der entstehende grüne Farbstoff, das *Verdoglobin* oder Choleglobin, enthält neben dem aufgespaltenen Porphyrinring noch das Globin sowie das Eisen in 3wertiger Form. Danach werden das Globin und das Eisen abgespalten, und es bildet sich der grün gefärbte Pyrrolfarbstoff *Biliverdin.* Durch enzymatische Reduktion entsteht das orangerote *Bilirubin.* In einer UDP-abhängigen Reaktion wird die Hauptmenge des Bilirubins in der Leber mit *Glucuronsäure* gekoppelt und, einem kleinen Teil zusammen mit freiem Bilirubin, mit der Galle in den Darm ausgeschieden. Im Blutplasma lassen sich diese beiden Formen analytisch unterscheiden: „indirektes“ Bilirubin ist freies, „direktes“ Bilirubin ist konjugiertes, d. h. zwei Moleküle Glucuronsäure enthaltendes Bilirubin (Bilirubindiglucuronid). Die Glucuronsäure wird dabei an die Carboxylgruppen der Propionsäurereste des Bilirubins esterförmig gebunden.

Im Darm erfolgt durch weitere stufenweise Reduktion die Bildung der farblosen Abbauprodukte: *Mesobilirubin, Mesobilinogen (Urobilinogen)* und *Stercobilinogen.* Etwa

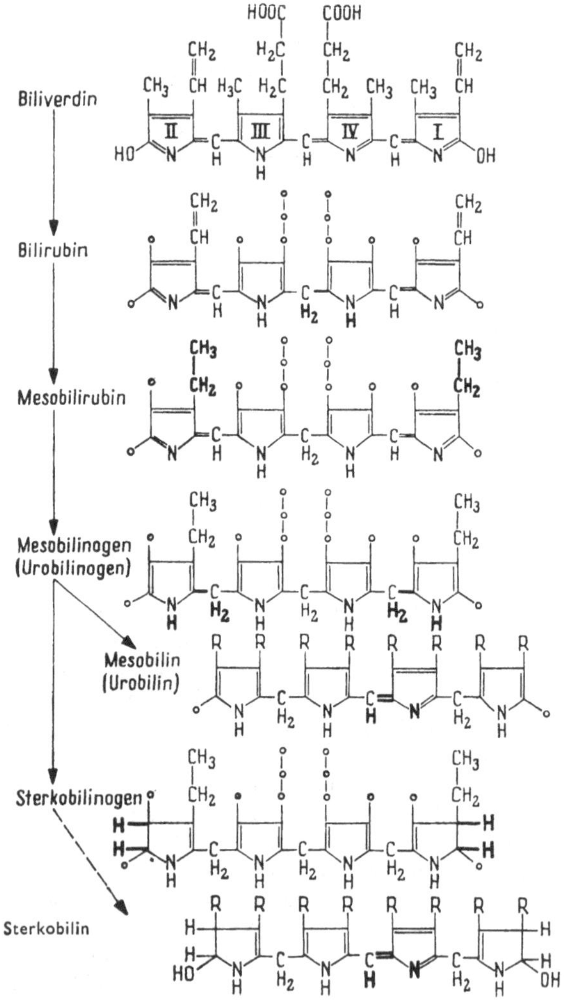
Biliverdin
Bilirubin
Mesobilirubin
Mesobilinogen
(Urobilinogen)
Mesobilin
(Urobilin)
Sterkobilinogen
Sterkobilin

10% des Bilirubins werden bereits in der Leber zu Mesobilinogen reduziert. Die weitere Reduktion zu Stercobilinogen erfolgt erst im Dickdarm durch Darmbakterien. Durch Sauerstoff können Mesobilinogen und Stercobilinogen spontan zu den gelbbraunen Produkten *Mesobilin* und *Stercobilin* oxydiert werden. Aus dem Dünndarm kann ein Teil des Mesobilinogens rückresorbiert und über die Leber erneut mit der Gallenflüssigkeit in den Darm ausgeschieden werden. Aus dem Dickdarm gelangt Stercobilinogen unter Umgehung der Leber direkt in den großen Kreislauf und wird über die Niere mit dem Harn ausgeschieden. Beim Stehen des Harns entsteht durch Luftsauerstoff aus Stercobilinogen Stercobilin. Dieser Prozeß der Resorption und erneuten Ausscheidung von Abbauprodukten des Hämoglobins, der unter Zwischenschaltung der Leber erfolgt, wird als *enterohepatischer Kreislauf* bezeichnet.

3.2. Pathophysiologie des Bilirubinstoffwechsels

Bei Verschluß des Gallenganges (Tumor, Stein u. a.) gibt die Leber infolge Rückstaues verstärkt Bilirubindiglucuronid in die Blutbahn ab. Unter diesen Umständen kommt es also zu einem Anstieg des Gesamtbilirubins, von dem der größte Teil „*direktes* “*Bilirubin* ist. Dieses Bilirubin kann auch im Urin ausgeschieden werden. Bei Schädigung des Leberparenchyms hingegen (Hepatitis, Cirrhose) ist die Aufnahme und die Konjugation des Bilirubins in den Leberzellen vermindert. Bei erhöhtem Bilirubingehalt des Serums ist unter diesen Umständen vor allem das „*indirekte*“ *Bilirubin* gesteigert. Das „indirekte“ Bilirubin, also das nichtkonjugierte Bilirubin ist auch bei Bilirubinüberproduktion gesteigert, z. B. bei hämolytischer Gelbsucht. Infolge seiner starken Bindung an Serumalbumin wird das nichtkonjugierte Bilirubin im Harn nicht ausgeschieden.

Beim Menschen kommt eine nichthämolytische Hyperbilirubinämie vor, bei der das nichtkonjugierte Bilirubin im Serum erhöht ist. Es handelt sich dabei um einen in Leber und Niere genetisch verursachten Mangel an Glucuronyltransferase, dem Enzym, welches die Übertragung der Glucuronsäure von der UDP-Glucuronsäure auf das Bilirubin katalysiert (CRIGLER-NAJJAR-Krankheit). Außerdem sind noch eine Reihe weiterer genetisch verursachter Störungen des Bilirubinstoffwechsels bekannt.

Weitere Möglichkeiten für einen anormalen Bilirubinstoffwechsel können bei Neugeborenen vorkommen. Neben milden Formen nichthämolytischer Gelbsucht bei Neugeborenen können schwere Formen der Gelbsucht, die mit einem *Kernikterus* verbunden sind, vor allem bei Frühgeborenen, vorkommen. Dies liegt zu einem Teil daran, daß die unreife Leber noch nicht die Fähigkeit erlangt hat, Bilirubin mit Glucuronsäure zu konjugieren.

3.3. Das Chlorophyll

Für die Photosynthese der Pflanzen ist der grüne Blattfarbstoff, das Chlorophyll, unerläßlich (s. S. 64). Es enthält einen Porphyrin-Metall-Komplex, in dem zum Unterschied zum Hämoglobin Mg^{++} statt Fe^{++} gebunden

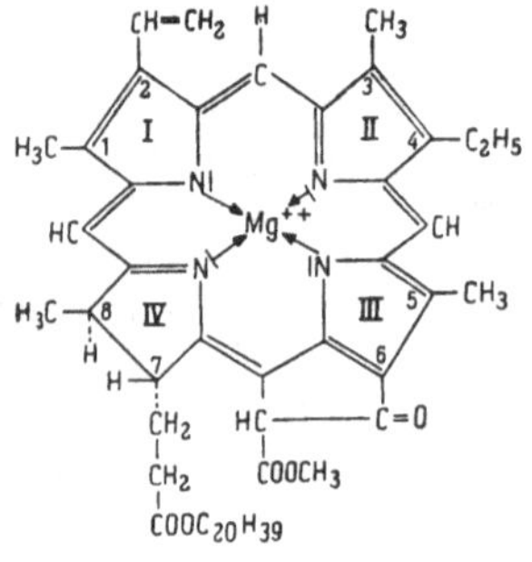

ist. Das Chlorophyll ist mit zwei primären Alkoholen, dem Methanol und dem Phytol, verestert. Beim *Phytol* handelt es sich um einen C_{20}-Alkohol mit Isoprenoidstruktur. In den Pflanzen kommen zwei Arten, das blaugrüne Chlorophyll a und das gelbgrüne Chlorophyll b, vor. Das Chlorophyll a unterscheidet sich von der b-Form durch eine Aldehydgruppe, die im Ring II anstelle einer Methylgruppe steht.

Außer in grünen Pflanzen wurde auch in Purpurbakterien eine Photosynthese entdeckt (S. 64 ff.). Das isolierte Bakterienchlorophyll entspricht in seiner Konstitution dem Chlorophyll mit dem Unterschied, daß im Ring I statt einer Vinyl- eine Acetyl-Gruppe steht und im Ring II die Stellungen 3 und 4 hydriert sind.

4. Stoffwechsel der Proteine und Aminosäuren

4.1. Proteolytische Systeme

4.1.1. Vorkommen und allgemeine Eigenschaften von proteolytischen Systemen

Den enzymatischen Abbau der Proteine katalysieren *Proteasen (Peptidhydrolasen)*. Sie hydrolysieren die Peptidbindung in exergoner Raktion, deren Gleichgewicht weit auf der Seite der Spaltprodukte liegt.

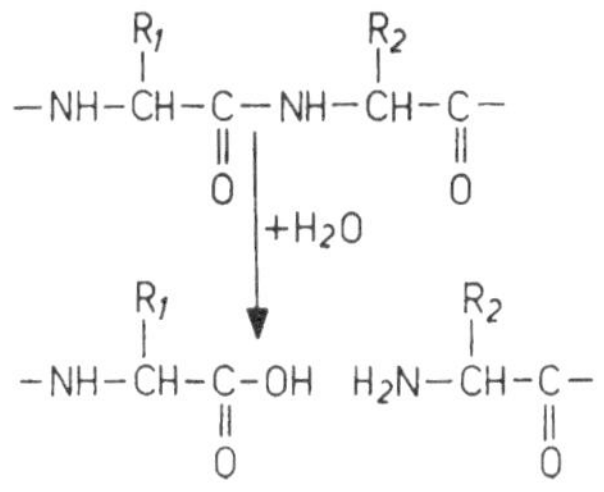

Die Proteasen können nach der Lokalisation ihres Angriffs an natürlichen Substraten in zwei Gruppen unterteilt werden:

a) *Endopeptidasen* (auch Proteinasen) hydrolisieren Peptidbindungen im Inneren eines Proteinmoleküls und bilden Peptide.

Zu dieser Gruppe gehören Pepsin, Rennin, Trypsin, Chymotrypsin, Elastase, Thrombin, Renin, Papain, Subtilisin, Ficin, Bromelin u. a.

b) *Exopeptidasen* spalten C- oder N-terminal die endständigen Aminosäuren einzeln von der Polypeptidkette ab. Bei ihnen unterscheidet man Carboxy- und Aminopeptidasen, z. B. Carboxypeptidase A und Leucinaminopeptidase, sowie solche Peptidasen, die nur kleinere Peptide bestimmter Aminosäurezusammensetzung angreifen (Di-, Tripeptidasen). Durch Zusammen- und Nacheinanderwirken der verschiedenen Proteasen können Proteine vollständig hydrolysiert werden.

Die Proteasen sind im gesamten Tier- und Pflanzenreich sowie bei den Mikroorganismen verbreitet. Als intrazellulär wirksame Proteasen *(Kathepsine)* vollziehen sie im Rahmen des Proteinstoffwechsels den Abbau der zelleigenen Proteine bis zu den Aminosäuren (Abb. 3). Manche Proteasen werden als inaktive Vorstufen *(Profermente, Zymogene)* gebildet und entfalten erst extrazellulär ihre Aktivität. Sie ermöglichen die Verwertung der Proteine in der Nahrung und erfüllen bei der Zerstörung von körper- oder artfremden Eiweißen eine wichtige Funktion. Die extrazelluläre Aktivierung schützt vor einer Selbstverdauung der fermentproduzierenden Organe.

Wie alle Enzyme sind auch die proteolytischen Verdauungsfermente Eiweiße. Ihre *Aktivierung* ist meist selbst ein proteolytischer Vorgang, bei dem Peptide aus der Polypeptidkette des Profermentes in der Weise freigesetzt werden, daß eine Demaskierung der aktiven Zentren stattfindet. Diese Proteolyse beschränkt sich

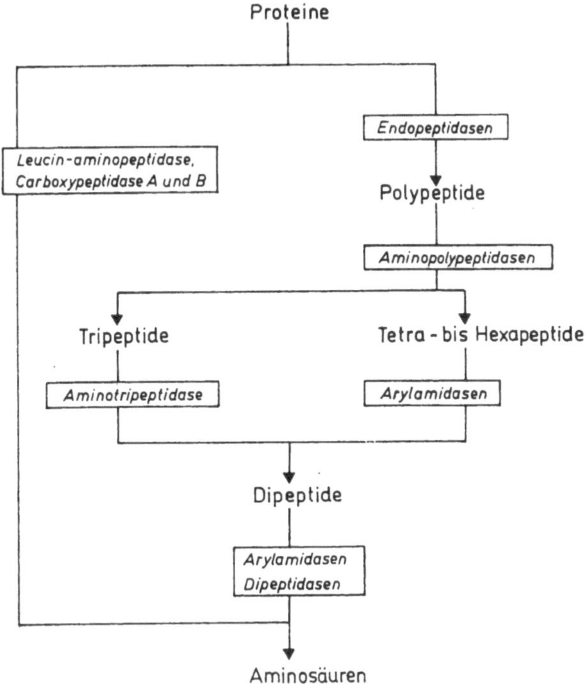

Abb. 3: Schema des intrazellulären Proteinabbaus

selektiv auf ganz bestimmte Peptidbindungen der inaktiven Vorstufe. Dabei erlangt das Produkt eine Stabilität, die seine Aktivität erhält und vor weiterer oder gar totaler Hydrolyse schützt. In Tabelle 1 sind Beispiele einer solchen begrenzten oder *limitierten Proteolyse* (DESNUELLE) angeführt. Sie findet nicht nur bei der Aktivierung von Zymogenen der Verdauungsorgane, sondern auch bei der Blutgerinnung, Milchgerinnung und bei bestimmten Proteo- bzw. Peptidhormonen (Insulin, Angiotensin, Vasopressin, Oxytocin, Kinine) statt. Die limitierte Proteolyse jeder einzelnen Proteasereaktion ist der Grund dafür, daß ganze Ketten proteolytischer Reaktionen zielgerichtet ablaufen können (vgl. Abb. 5).

Tabelle 1:
Aktivierung durch limitierte Proteolyse

inaktives Protein	MG	AS	aktives Protein	MG	AS
Pepsinogen	40000	362	Pepsin	33500	321
Prorennin	36200	321	Rennin	30700	272
Trypsinogen	24000	229	Trypsin	23400	223
Chymotrypsinogen A	25400	245	Chymotrypsin A	24500	241
Pro-Carboxypeptidase A	ca. 90000	850	Carboxypeptidase A	34600	307
Prothrombin	68900		Thrombin	33700	258
Proinsulin	9100	84	Insulin	6000	51
Fibrinogen	340000	ca. 3400	Fibrin-monomer	327000	ca. 3270

MG = Molekulargewicht; AS = Aminosäuren

Bei einigen Proteasen erfolgt die Aktivierung in einem autokatalytischen Prozeß. Die *Autokatalyse* ist für das Pepsin gut untersucht worden (s. S. 136). Seine Vorstufe, das Pepsinogen, wird in den Hauptzellen der Mucosa des Magenfundus gebildet, seine Aktivierung erfolgt im sauren Milieu des Magensaftes. Die Profermente von Trypsin, Chymotrypsin, Elastase und Carboxypeptidase sind in den Zymogengranula der merokrinen Azinuszellen des Pankreas angereichert. Die Aktivierung dieser Zymogene wird im Darm durch ein proteolytisch wirksames Glykoproteid der Dünndarmschleimhaut, die *Enteropeptidase* (Enterokinase von Pawlow), gestartet. Das Enzym ist in den Bürstensäumen der duodenalen Epithelzellen lokalisiert. An der luminalen Membranseite dieser Zellen findet die primäre Aktivierung von Trypsinogen durch die Enteropeptidase statt. Trypsin seinerseits aktiviert im

Darmlumen die aus dem Pankreas sezernierten Zymogene (Abb. 4). Die Aktivierung von Trypsinogen und Chymotrypsinogen verläuft auch autokatalytisch.

Im Blutplasma existieren Proteasen, die Bestandteil des *Blutgerinnungssystems* sind. Ihre Aktivierung kann durch Kontakt eines Mucoproteids, des inaktiven HAGEMAN-Faktors, mit adsorptiven Oberflächen ausgelöst

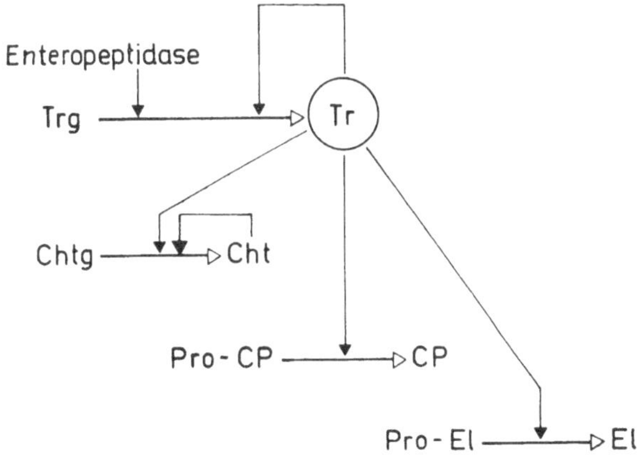

Abb. 4: Zentrale Bedeutung von Trypsin bei der Aktivierung im Dünndarm von Proteasen

Abkürzungen: Tr = Trypsin, Trg = Trypsinogen, Cht = Chymotrypsin, Chtg = Chymotrypsinogen, CP = Carboxypeptidase, El = Elastase

werden und führt in einer kaskadenförmigen Reaktionsfolge zur Fibrinbildung. Fibrin wird durch Plasmin partiell hydrolysiert. Ein sehr vereinfachtes Schema der Blutgerinnung, das nur ihre proteolytischen Reaktionen enthält, ist in Abb. 5 angegeben.

Unter den Bakterien haben solche Proteasen ein besonderes Interesse gewonnen, die eine Verflüssigung von Kulturböden verursachen und zum Beispiel Gelatine

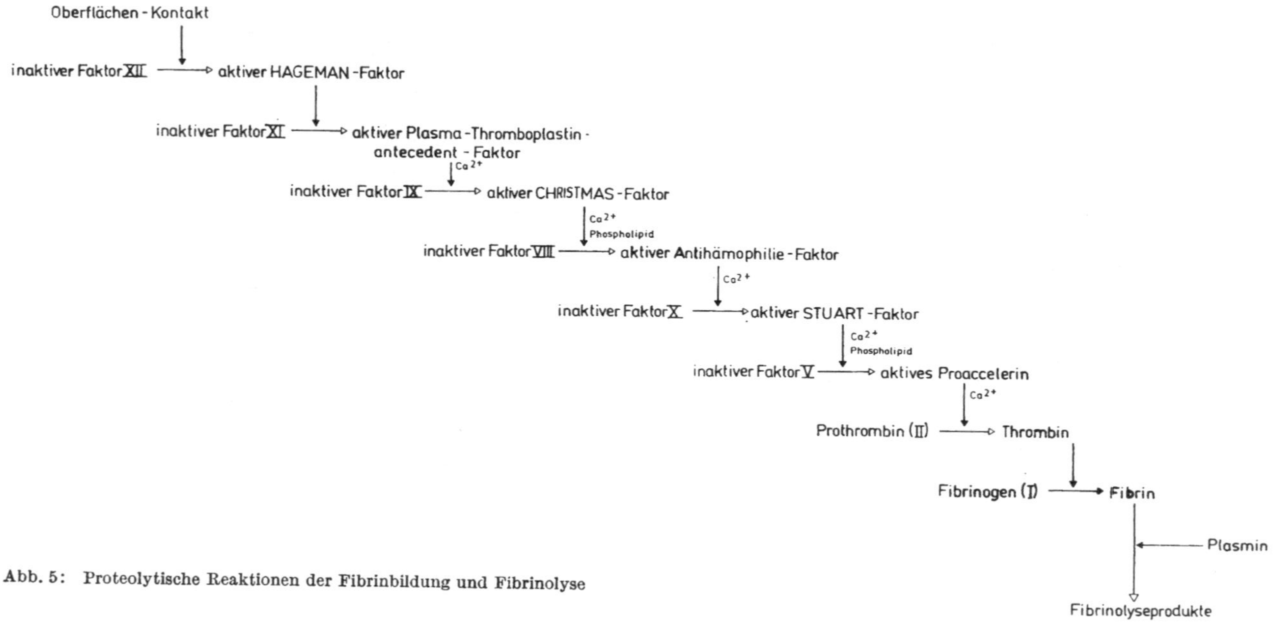

Abb. 5: Proteolytische Reaktionen der Fibrinbildung und Fibrinolyse

oder Kollagen hydrolysieren oder haemolytische Zonen bilden. So enthält das K-Toxin von Clostridium welschii eine Kollagenase, die in infizierten Wunden durch Zerstörung der kollagenen Gewebestrukturen die schnelle Ausbreitung des Gasbrandes verschuldet.

Die *Substratspezifität* von Proteasen ist mehr oder weniger stark ausgeprägt. Sie spalten oft nur Peptidbindungen, an denen bestimmte Typen von Aminosäuren beteiligt sind. Die sogenannten Endopeptidasen hydrolysieren auch niedrigmolekulare Peptide, synthetische Aminosäureester und Amide. Diese Eigenschaft wird für die Aktivitätsbestimmung und Differenzierung von Proteasen sowie zur Aufklärung ihrer Wirkungsmechanismen genutzt. Die gegenwärtigen Kenntnisse über die chemischen *Mechanismen der Katalyse* durch Peptidhydrolasen erlauben, diese Enzyme nach einer mehr fundamentalen Charakteristik zu klassifizieren:

a) *Serin-Proteasen,* die einen spezifischen Serylrest enthalten, der direkt an der Katalyse beteiligt ist;

b) *Thiol-Proteasen,* die nur aktiv sind, wenn in ihrer Aminosäuresequenz die Sulfhydrylgruppe eines spezifischen Cysteylrestes in reduzierter Form vorliegt;

c) *Metall-Proteasen,* deren Aktivität an die Gegenwart bestimmter Metallionen wie Mg^{++}, Mn^{++}, Co^{++} oder Zn^{++} gebunden ist;

Tabelle 2:
Einige Proteasen und ihre Herkunft

Serin-Proteasen:	Trypsin, Chymotrypsin und Elastase (Pankreas), Thrombin (Leber bzw. Blutplasma), Subtilisin (B. subtilis)
Thiol-Proteasen:	Papain (Papayabaum), Ficin (Feige), Bromelin (Ananas), einige Kathepsine
Metall-Proteasen:	Carboxypeptidase (Pankreas), Leucinaminopeptidase (Niere, Rinderaugenlinse), Prolinase und andere Dipeptidasen (verschiedene tierische Gewebe)
Saure Proteasen:	Pepsin und Rennin (Magen)

d) *saure Proteasen*, die einen sehr niedrigen isoelektrischen Punkt besitzen, bei pH 1—3 aktiv sind und bereits im Neutralbereich inaktiviert werden; das pH-Optimum dieser Proteasen stimmt etwa mit den Milieubedingungen an ihrem Wirkungsort überein.

In Tabelle 2 sind für jede Proteaseklasse einige repräsentative Vertreter genannt.

4.1.2. Chymotrypsine

Im Pankreassekret existieren zwei Profermente des Chymotrypsin, das Chymotrypsinogen A und B. Die *Aktivierung von Chymotrypsinogen A* durch Trypsin und Chymotrypsin selbst liefert eine ganze Familie von Chymotrypsinen, die mit α-, γ-, δ-, π-Chymotrypsin und Neochymotrypsinogen bezeichnet werden. Sie entstehen bei der Hydrolyse von vier Peptidbindungen des Chymotrypsinogens (Abb. 6). Dabei werden zwei Dipeptide aus Bereichen der Polypeptidkette entfernt, die an der Oberfläche des Chymotrypsinogenmoleküls als Protuberanz angeordnet und somit dem Angriff der beiden aktivierenden Proteasen leicht zugänglich sind. Das Verhältnis von Chymotrypsinogen zu Trypsin ist für die Geschwindigkeit der Aktivierung und für die Reihenfolge, in der diese Peptidbindungen gelöst werden, von Bedeutung. Es entscheidet darüber, ob α- oder γ-Chymotrypsin entsteht. Beide besitzen die gleiche Aminosäuresequenz und bestehen aus den drei Polypeptidketten A, B und C, sie unterscheiden sich jedoch in der Konformation, die bestimmte Kettenabschnitte im Verlauf der Aktivierung einnehmen. Dies findet auch seinen Ausdruck in der *Kristallstruktur*. Während α-Chymotrypsin monokline Kristalle bildet, ist das Kristallsystem von γ-, und auch von δ- sowie π-Chymotrypsin tetragonal.

α-Chymotrypsin-Kristalle *enthalten Dimere*. Sie entstehen, da eine ganz bestimmte Konformation der B-Kette zur Wechselwirkung des Carboxylendes dieser

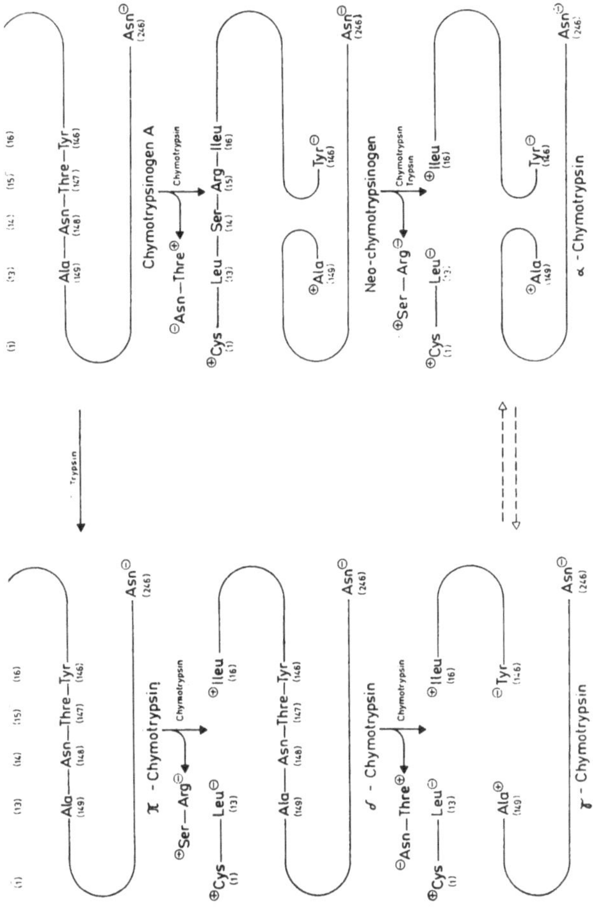

Abb. 6: Schema der Chymotrypsinogenaktivierung

Die durch Trypsin eingeleitete Aktivierung verläuft wesentlich rascher, da bereits π-Chymotrypsin im Gegensatz zu Neochymotrypsinogen aktiv ist (sogenannte schnelle Aktivierung pH 7,3). Am aktivsten sind α- und γ-Chymotrypsin

Kette (Tyrosin in Position 146) mit dem herausragenden Histidinrest (Position 57) eines zweiten α-Chymotrypsinmoleküls führt. Die andersartige Conformation von γ-Chymotrypsin ermöglicht eine solche Interaktion und Dimerisierung nicht.

Die *Struktur* der verschiedenen Chymotrypsine ist durch Sequenz- und Röntgenanalyse sowie mit Hilfe anderer physikalischer Methoden (s. Band I) aufgeklärt worden. Bevorzugt wurden hierbei Derivate verwendet, bei denen ein bestimmter Aminosäurerest modifiziert war und so als Leitposition für die Fouriersynthese diente. Die Abbildung im Anhang zeigt das dreidimensionale Modell von Tosyl-Chymotrypsin, bei dem das Serin 195 des α-Chymotrypsin eine Toluolsulfonylgruppe ($CH_3—C_6H_4—SO_2$) trägt.

Die drei Peptidketten des monomeren α-Chymotrypsins liegen überwiegend in gestreckter Conformation vor und sind so gefaltet, daß verschiedene Kettenabschnitte antiparallel verlaufen und sich bis auf durchschnittlich 4,5 Å nähern. Diese sehr kompakte Strukturierung wird hauptsächlich durch 2 Disulfidbrücken, 3 Disulfidspangen sowie durch Wasserstoffbindungen stabilisiert. Lediglich 8 Aminosäuren am Carboxylende der C-Kette bilden eine α-Helix. Während das Innere des Moleküls vorwiegend aus nichtpolaren Seitenketten zusammengesetzt ist, befinden sich an der Oberfläche polare Gruppen der drei Ketten, die in gegenseitige Wechselwirkungen treten. Die Ausbildung einer Ionenbindung zwischen der terminalen α-Carboxylgruppe der C-Kette (Asp 245) und der ε-Aminogruppe von Lysin 107 der B-Kette verhindert den Angriff durch eine Carboxypeptidase.

Im Gegensatz zur Tertiärstruktur anderer Enzyme (RNase, Lysozym, Carboxypeptidase, Papain und Carboanhydrase) liegt beim Chymotrypsin das *aktive Zentrum* nicht in einer Spalte, sondern befindet sich in einem locker strukturierten Abschnitt des Moleküls.

Die für die Katalyse wichtigsten Aminosäuren sind das Serin 195 in der C-Kette, das Histidin 57 der B-Kette sowie die Asparaginsäure 102 der B-Kette. Obwohl diese drei Aminosäuren in der Sequenz an sehr entfernten Positionen stehen, sind die Ketten doch so gefaltet, daß die Abstände zwischen den N-Atomen des Imidazolringes und dem Sauerstoffatom des Seryl- bzw. Aspartyl-

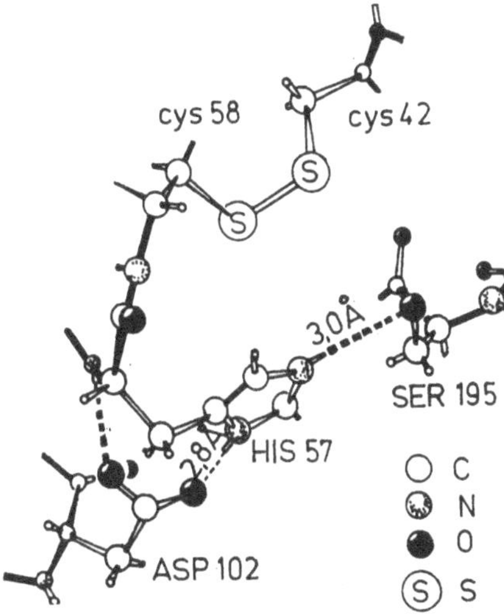

Abb. 7. Conformation des aktiven Zentrums von α-Chymotrypsin
Ausschnitt aus dem aktiven Zentrum mit Blickrichtung in das Molekülinnere. Peptidkettenskelett schwarz, H-Bindungen gestrichelt.
[Blow, D. M., Birktoft, J. J., und B. S. Hartley, Nature (London), **221** (1969), 337–340]

restes nur 3,0 bzw. 2,8 Å betragen (Abb. 7). Diese für die Katalyse notwendige Conformation wird durch mehrere Disulfidbindungen in unmittelbarer Nähe des Zentrums sowie durch ein Ionenpaar aufrecht erhalten, das zwischen dem positiven N-Terminus der B-Kette (Ileu 16) und dem negativen Aspartylrest 194 in der C-Kette besteht.

Darüber hinaus sind auch andere Aminosäuren für die Conformation des aktiven Zentrums und seine katalytische Wirksamkeit wichtig. Die Schleifen I und II der C-Kette sowie Methionin 180 sind an der Bindung und Orientierung des Substrates im aktiven Zentrum beteiligt.

Die Bedeutung der OH-Gruppe des Serylrestes war schon länger aus Versuchen mit einem Inhibitor, dem Diisopropylfluorophosphat, bekannt. Dieser hochtoxische Hemmstoff reagiert nach der Art eines Pseudosubstrates spezifisch mit dem essentiellen, unmittelbar an der Katalyse beteiligten Serylrest 195.

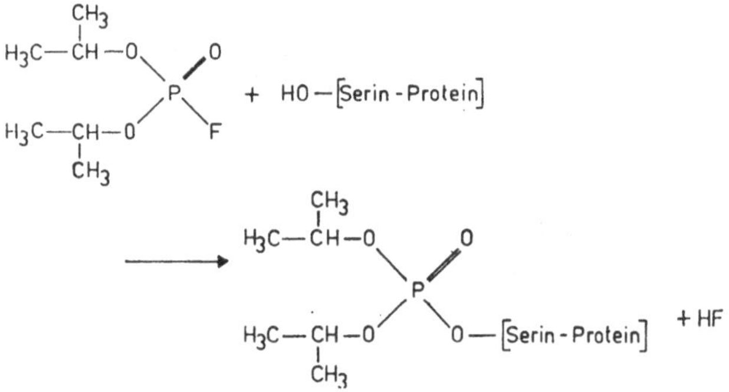

Die Reaktion ist für die sogenannten Serin-Enzyme (Acetylcholinesterase, alle Serin-Proteasen der Tabelle 2) charakteristisch. Das so markierte Serin des katalytischen Zentrums läßt sich leicht isolieren und nachweisen.

Weitere kinetische Studien mit anderen Inhibitoren, mit chemisch modifizierten Chymotrypsinen und über die pH-Abhängigkeit der Katalyse führten zu dem Konzept der *Mehrzentrenreaktion*, das durch die Röntgenstrukturanalyse eine glänzende Bestätigung und Ergänzung fand.

Verfolgt man die Mehrzentrenreaktion anhand des Strukturmodells auf dem Faltblatt im Anhang, so gewinnt man einen Einblick in die Notwendigkeit und die spezifische Rolle des makromolekularen Aufbaus von Chymotrypsin für den Ablauf des enzymatischen Prozesses.

Die Mehrzentrenreaktion wurde zuerst für die Hydrolyse eines Substratesters $R_1{-}O{-}\overset{\overset{\displaystyle O}{\|}}{C}{-}R_2$ formuliert und dürfte in analoger Weise auch bei der Gruppierung $R_1{-}\underset{\underset{\displaystyle H}{|}}{N}{-}\overset{\overset{\displaystyle O}{\|}}{C}{-}R_2$ ablaufen. Nach diesem Reaktionsmechanismus erfolgt die chymotryptische Peptidhydrolyse in zwei Stufen. Zunächst findet eine Acylierung des Enzyms statt, bei der ein Ester aus der Carbonylgruppe der angegriffenen Peptidbindung des Substrates und der Hydroxylgruppe des Serin 195 gebildet wird. Dabei wird das erste Spaltprodukt ($R_1{-}NH_2$) frei. In der sich anschließenden Desacylierung des Enzyms hydrolysiert die Serin-O-Acylbildung unter Regenerierung des Enzyms und Freisetzung des zweiten Spaltproduktes ($R_2{-}COOH$).

Die stark nucleophile Natur des Serin 195 ist durch das benachbarte Histidin 57 bedingt, dessen Imidazolrest als Protonendonator und -acceptor fungiert. Nach den Ergebnissen von Blow et al. wird der Protonenübergang zwischen dem Histidin 57 und der $R_1{-}\underset{\underset{\displaystyle H}{|}}{N}{-}$Gruppierung des Substrates durch Asparaginsäure 102 unterstützt und so der nucleophile Angriff des Serinsauerstoffs forciert (Abb. 8).

Die Umgebung der Wasserstoffbindung zwischen Asparaginsäure 102 und dem polarisierbaren Resonanzsystem des Histidin 57 wird durch hydrophobe Seitenketten der umliegenden Aminosäuren (Ala 55—Ala 56, His 57, Cys 58, Tyr 94, Ileu 99, Ser 214) in einer Weise abgeschirmt, daß einerseits der Zutritt von Hydroniumionen an die Carboxylat-Gruppe des Aspartylrestes 102 verhindert, und andererseits entlang der Wasserstoffbindungen und des Imidazolringes ein Elektronentransfer in Richtung auf die Oberfläche des Moleküls „kanalisiert“ wird, der die für die Katalyse notwendige Elektronegativität des Serinsauerstoffs schafft.

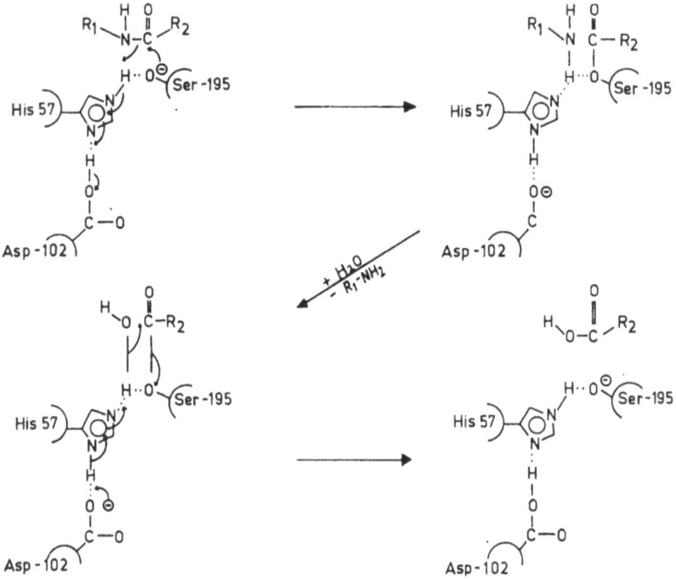

Abb. 8: Reaktionsmechanismus von Chymotrypsin
oben: Acylierung; unten: Desacylierung

Aus der Topographie des Reaktionsmechanismus von Chymotrypsin geht hervor, daß das Substrat in einer bestimmten sterischen Konfiguration in das aktive Zentrum „eingepaßt“ werden muß. Die notwendige Conformation des aktiven Zentrums wurde bereits oben beschrieben. So tritt z. B. bei Aufhebung der Ionenbindung zwischen Isoleucin 16 und Asparaginsäure 194 eine Conformationsänderung in der B-Kette ein, die die Substratanlagerung erschwert und so zu einer Aktivitätsminderung des Enzyms führt.

Durch Untersuchungen über die Temperaturabhängigkeit der chymotryptischen Hydrolyse von synthetischen Derivaten aromatischer Aminosäuren, wie L-Tyrosin-äthylester u. a., wurden Vorstellungen über die Notwendigkeit von hydrophoben Wechselwirkungen bei der *Bildung des Enzym-Substrat-Komplexes* entwickelt. Dabei spielen zwei benachbarte Schleifen der C-Kette eine Rolle, die eine über die Disulfidbindung 191—220 etwa senkrecht zu einander „verspannt" sind. Die eine Schleife (I) trägt das aktive Serin 195, die andere (II) liegt dem gegenüber (vgl. Abb. im Anhang). Jene zweite Schleife bildet eine hydrophobe Micelle (Tasche), in die die Phenylgruppe des synthetischen Substrates eintaucht. Durch die Eintauchrichtung gerät die Carbonylgruppe des Substrates in eine räumlich günstige Lage zu den beiden funktionellen Gruppen Serin 195 und Histidin 57. Bei anderen aromatischen Aminosäurederivaten vermag Schleife I als Micelle in hydrophober Wechselwirkung mit dem Substrat den Orientierungsvorgang im aktiven Zentrum zu bewirken. Diese Vorstellungen stimmen damit überein, daß Chymotrypsin bevorzugt die Peptidbindungen von aromatischen Aminosäuren wie Tyrosin, Phenylalanin und Tryptophan angreift.

Versuche mit anderen, insbesondere N-substituierten Tyrosinderivaten haben gezeigt, daß neben der Bindung des Substrates in der hydrophoben Micelle und an das Serin 195 bei Bildung des Enzym-Substrat-Komplexes noch eine dritte Bindungsstelle für die Stereospezifität der Chymotrypsinreaktion entscheidend ist. Es handelt sich um eine Wasserstoffbindung zwischen dem Stickstoff der Acylaminogruppe des Substrates und einer bisher noch nicht lokalisierten Acceptorgruppe am Enzym.

Diese Bindung ist ebenfalls an der Orientierung per Carboxylgruppe zum aktiven Serylrest beteiligt.

Bei den Untersuchungen mit L-Tyrosin-äthylester ergaben Messungen der kernmagnetischen Resonanz, daß jener „Eintauchvorgang“ der Phenyl-Gruppe in die hydrophobe Enzymmicelle der geschwindigkeitsbestimmende Vorgang der chymotrypsinkatalysierten Reaktion ist. Dieser führt erst zum reaktionsfähigen Enzym-Substrat-Komplex. Das bedeutet, daß für Chymotrypsin die a-priori-Annahme von MICHAELIS und MENTEN, der Zerfall des Enzym-Substrat-Komplexes, limitiere die Geschwindigkeit der Gesamtreaktion, nicht zutrifft. Eine solche Schlußfolgerung war nur dadurch möglich, daß die chymotrypsinkatalysierte Hydrolyse als eine heterogene Katalyse angesehen wurde.

Ergebnisse aus kalorimetrischen Experimenten weisen darauf hin, daß bei der Bindung des Substrates eine Conformationsänderung im α-Chymotrypsin induziert wird, deren Bedeutung für die Katalyse noch unklar ist. Die gegenwärtige intensive Forschung über Struktur und Funktion des Chymotrypsin wird sicher bald ein detailliertes, aber auch verallgemeinerungsfähiges Modell vom Ablauf dieser enzymatischen Reaktion vorlegen können.

4.1.3. Trypsin

Zwischen Trypsin und Chymotrypsin bestehen zahlreiche Ähnlichkeiten. Beide Enzyme werden im Pankreas gebildet und sind Endopeptidasen vom Typ der Serin-Proteasen. Sie enthalten Bereiche identischer Aminosäuresequenz, das pH-Optimum liegt für beide bei pH 7,5–8,5 und der Reaktionsmechanismus ist weitgehend gleichartig. Von den 229 Aminosäuren des Trypsinogen stehen 101 in analogen Positionen zu denen im Chymotrypsinogen A, darunter 3 von 6 Disulfidbindungen und die Mehrzahl der Prolinreste. Gleiche Sequenz über einen langen Abschnitt der Polypeptidkette besteht besonders in Nachbarschaft der beiden aktiven Aminosäuren Serin und Histidin, die an der katalytischen Reaktion von Trypsin beteiligt sind. Auf Grund der großen Übereinstimmung in der Primärstruktur beider Proteasen ist anzunehmen, daß auch ihre Tertiärstruktur sehr ähnlich ist, vor allem die des aktiven Zentrums.

Unter allen Proteasen hat Trypsin die ausgeprägteste Substratspezifität. Sein Angriff richtet sich auf die Carboxylgruppe von nur zwei basischen Aminosäuren: L-Arginin und L-Lysin. Daraus resultiert auch eine Abweichung bei der Substratbindung an Trypsin. Während wie bei Chymotrypsin eine katalytische Stelle (Ser 183 und His 57) vorhanden ist, an die die Acylgruppe gebunden wird und eine hydrophobe Spalte mit den Methylengruppen des Substrates in Wechselwirkung tritt, besteht jedoch eine dritte stark anionische Bindungsstelle (Asp 177 oder Glu 173), die in Interaktion mit der Aminogruppe des Lysyl- oder Arginylrestes an der Orientierung des Substrates im aktiven Zentrum von Trypsin beteiligt ist.

Die Umwandlung von Trypsinogen zu Trypsin wird durch Enteropeptidase eingeleitet und autokatalytisch beschleunigt (siehe Seite 120). Dabei wird an N-terminaler Seite des Trypsinogen durch Hydrolyse der Peptidbindung zwischen Lysin 6 und Isoleucin 7 ein Hexapeptid (Val-Asp-Asp-Asp-Asp-Lys) freigesetzt. Die Aminogruppe von Isoleucin 7 bildet dann mit dem Aspartylrest 182 ein Ionenpaar, das vermutlich für die Conformation des aktiven Trypsin eine ähnliche Bedeutung besitzt, wie das Ionenpaar Ileu 16—Asp 194 im α-Chymotrypsin, denn beide Asparaginsäuren liegen unmittelbar neben dem aktiven Serin.

Auch bei anderen Profermenten erfolgt die Aktivierung von ihrem Aminoende her, z. B. bei Procarboxypeptidase A und B, Prophospholipase A und Pepsinogen. Dagegen ist eine C-terminale Aktivierung der Zymogene nicht bekannt. Diese Tatsache scheint im Hinblick auf die Bildung der Zymogene und ihre intrazelluläre Wirkungslosigkeit sinnvoll. Da die Proteinsynthese am N-Terminus startet (vgl. Band IV), wird verhindert, daß Zymogene in statu nascendi enzymatische Aktivität erlangen, bevor ihre komplette Synthese an den Polysomen abgeschlossen ist. Darüber hinaus müssen Mechanismen existieren, die die Zymogene des Pankreas während des gesamten Prozesses von ihrer Anreicherung in den Zymogengranula bis zur Sekretion in das Duodenum vor einer frühzeitigen Aktivierung schützen. Für die Stabilität des Zymogensystems ist entscheidend, daß die Konzentration des aktiven Trypsins auf einem Minimum gehalten wird, da alle Zymogene des Pankreas durch Trypsin aktiviert werden (Abb. 4). Bisher sind hierfür zwei Mechanismen bekannt:

1. Im Pankreas werden zwei Proteine gebildet, die Proteaseinhibitoren mit besonders hoher Affinität zum Trypsin sind. Sie konnten mit Hilfe eines neuartigen chromatographischen Verfahrens isoliert werden, bei dem als Träger ein wasserunlösliches Trypsinderivat (Trypsinharz) zur Adsorption der Trypsininhibitoren verwendet wurde. Trypsininhibitoren findet man aber auch z. B. in Blut, Lunge, Colostrum, Sojabohnen u. a.

2. Einen effektiven Schutz vor beschleunigter Autokatalyse bewirken die vier N-terminalen Aspartylreste des Trypsinogens. Kinetische Untersuchungen zeigten, daß bei Abwesenheit von Ca^{++} die Abspaltung des Hexapeptides nur langsam erfolgt. Erst bei hohen Calciumkonzentrationen (ca. 50 mM) findet eine Bindung von Ca^{++} an die Aspartylreste 4 und 5 statt. Dadurch wird die Bildung des Trypsinogen-Trypsin-Komplexes begünstigt, so daß die Autokatalyse ablaufen kann.

4.1.4. Carboxypeptidasen

Carboxypeptidase A und B bilden die dritte, bedeutsame Proteasegruppe des Pankreas. Sie hydrolysieren C-terminale Peptidbindungen unter Abspaltung der endständigen Aminosäure und werden deshalb auch für Endgruppenbestimmung und Sequenzanalyse von Proteinen eingesetzt.

Beide Enzyme unterscheiden sich durch ihre elektrophoretische Mobilität und Substratspezifität. Carboxypeptidase A spaltet die terminalen Aminosäuren in der Reihenfolge Phenylalanin, Tyrosin, Tryptophan, Leucin, Methionin, Isoleucin, Alanin und Glycin mit abnehmender Geschwindigkeit und wird durch Lysin, Arginin und Prolin gehemmt. Carboxypeptidase B ist für die basischen Aminosäuren spezifisch.

Von der Carboxypeptidase A sind Struktur und Wirkungsmechanismus teilweise aufgeklärt. Das aktive Rinderenzym besteht aus einer einzigen Polypeptidkette von 307 Aminosäuren (Molekulargewicht 34600), wobei 30% in Helixform, zumeist vom α-Helixtyp, angeordnet ist. Es enthält 1 Atom Zink pro Mol, das durch Dialyse entfernt werden kann. Das zinkfreie Enzym ist inaktiv. Zink wird unter Chelatbildung durch eine spezifische Merkaptidgruppe und eine Aminogruppe an das Enzym gebunden und ist für die katalytische Wirkung dieser Metallprotease essentiell.

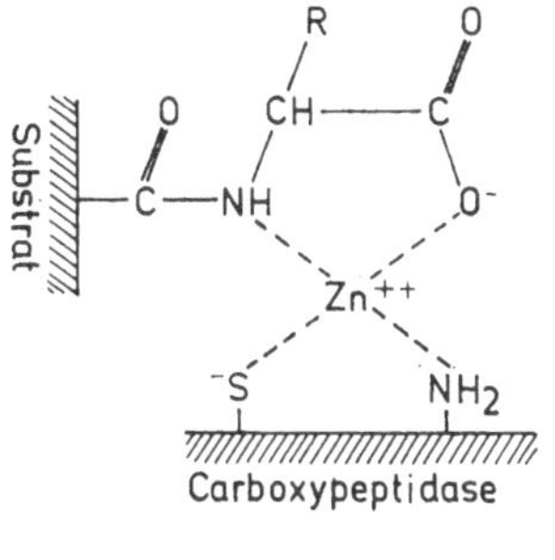

Die Aktivierung der Procarboxypeptidasen verläuft unter Abspaltung großer Polypeptidkettenanteile. Während bei der Trypsinogen- und Chymotrypsinogenaktivierung nur 3 bzw. 2% des Zymogenmoleküls entfernt werden, sind es bei Procarboxypeptidase A und B 40 bzw. 66%.

Die Aktivierung von Procarboxypeptidase A liefert zwei aktive Polypeptide. Das eine besitzt Carboxypeptidase-Aktivität und wird je nach Ausmaß der Trypsin- und Chymotrypsineinwirkung in die Formen α, β oder γ (Carboxypeptidase Aα, Aβ und Aγ) umgewandelt. Das andere Polypeptid ist eine chymotrypsinähnliche Endopeptidase. Der Aktivierungsvorgang der Procarboxypeptidase B liefert nur die eine Exopeptidase.

4.1.5. Pepsin

Pepsin war die zuerst entdeckte Protease (THEODOR SCHWANN, 1836). 1930 gelang NORTHROP die Darstellung von Pepsinkristallen (Hexaeder) aus dem Schweinemagen.

Die hohe Wirksamkeit von Pepsin demonstrieren folgende Zahlen: 1 g des kristallinen Fermentes vermag zum Beispiel in 2 Stunden 50 kg denaturiertes Eieralbumin zu verflüssigen oder 1000 hl Milch zur Gerinnung zu bringen. Produkte der peptischen Hydrolyse sind Gemische von Peptiden zwischen 600 und 3000.

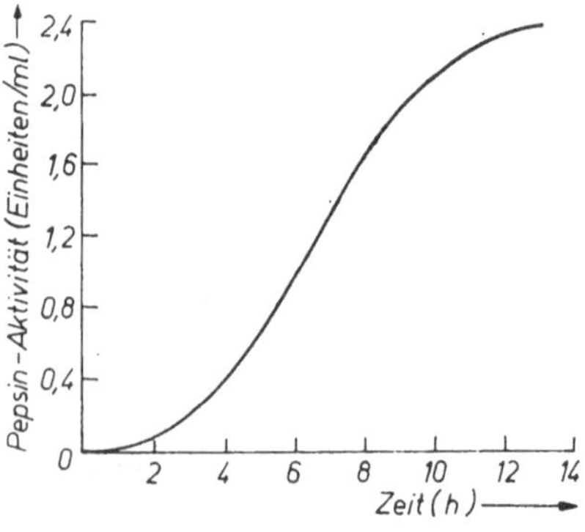

Abb. 9: Kinetik der autokatalytischen Umwandlung von Pepsinogen zu Pepsin, Substrat: Hämoglobin; pH 4,6; 25 °C (nach R. M. HERRIOT)

Das Wirkungsoptimum von Pepsin liegt bei pH 1–2. Bei pH-Werten oberhalb von 6 ist Pepsin inaktiv und wird denaturiert. Im Gegensatz dazu ist Pepsinogen im Alkalischen stabil, aber ohne proteolytische Aktivität. Wie an kristallinem Pepsinogen (HERRIOTT) gezeigt werden konnte, erfolgt unterhalb pH 6 seine Umwandlung zu Pepsin in einem autokatalytischen Prozeß, d. h. einmal gebildetes Pepsin katalysiert selbst seine eigene Umwandlung.

Wird die Pepsinogen-Aktivierung bei pH 4,6 durchgeführt (Abb. 9) erhält man einen für Autokatalysen charakteristischen sigmoiden Verlauf der Aktivitäts-Zeit-Kurve, da die initial durch H^+-Ionen eingeleitete Umwandlung durch das Produkt Pepsin beschleunigt wird, während oberhalb des Kurvenwendepunktes die Konzentration des Profermentes begrenzend ist und so die Umsatzrate wieder abnimmt.

Für die Aktivierung des Pepsinogens ergeben sich folgende Reaktionen:

$$\text{Pepsinogen} \xrightarrow[\text{Pepsin}]{H^+} \text{Pepsin-Inhibitor-Komplex} + 5\,\text{Peptide}$$

$$\text{Pepsin-Inhibitor-Komplex} \underset{\text{pH}>5,4}{\overset{\text{pH}<5,4}{\rightleftharpoons}} \text{Pepsin} + \text{Inhibitor}$$

$$\text{Inhibitor} \xrightarrow{\text{Pepsin}} 4\,\text{Peptide}$$

Die Voraussetzungen für die Aktivitätsentfaltung des Pepsins werden im Magen durch das salzsaure Sekret geschaffen, das von den Belegzellen der Mucosa gebildet wird. Die HCl-Konzentration des reinen Sekrets ist 0,16 m; sie wird durch Eiweiße und andere Bestandteile des Magenschleims gepuffert, so daß sein pH-Wert zwischen eins und zwei liegt. Der niedrige pH-Wert löst im Pepsinogen eine Conformationsänderung aus, die den aktivierenden Angriff durch Pepsin ermöglicht.

Bei der Aktivierung werden aus dem Pepsinogen Peptide abgespalten, die den größten Teil der (13 von insgesamt 17) basischen Aminosäuren enthalten. Dies ist die Ursache einer drastischen Erniedrigung des isoelektrischen Punktes von pH 3,7 im Pepsinogen auf Werte unter pH 1 im Pepsin.

Die volle Aktivität des Pepsin ist erst erreicht, wenn der Inhibitor in niedermolekulare Peptide hydrolysiert

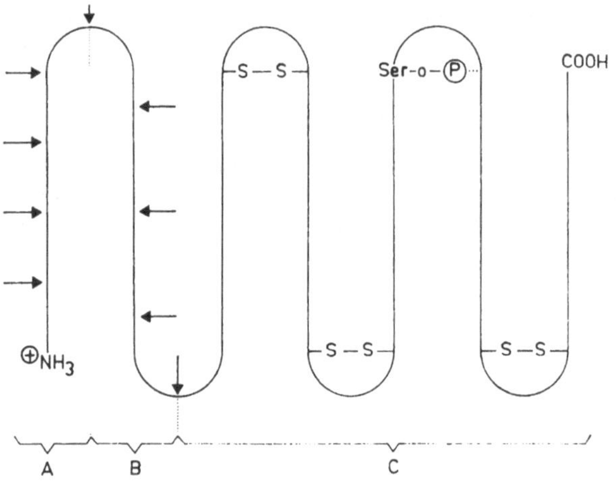

Abb. 10: Schema zur Aktivierung des Pepsinogens
(A + B + C) = Pepsinogen; die Kettenabschnitte A und B werden bei der Aktivierung freigesetzt: A liefert 5 verschiedene Peptide, B den Pepsininhibitor und seine Hydrolyseprodukte. C ist das aktive Pepsin, das an den durch die Pfeile gekennzeichneten Stellen angreift. Molekulargewichte: Pepsinogen 42600, Pepsin 34500, Inhibitor (B) 3100, Peptide aus A je ca. 5000

und eine partielle Umkehr der Aktivierung durch Bildung des Pepsin-Inhibitor-Komplexes nicht mehr möglich ist.

Pepsin ist ein globuläres Phosphoproteid, das aus einer einzigen Polypeptidkette von 321 Aminosäuren besteht. Der geringe Gehalt an basischen Aminosäuren und die an die OH-Gruppe eines Serylrestes gebundene Phosphorsäure verursachen ein physikochemisches Verhalten, das unter den bisher bekannten Enzymen außergewöhnlich ist. Pepsin zeichnet sich wie erwähnt durch einen sehr niedrigen I. P. (< 1) aus und ist bei pH 1–2 stabil. Es besitzt in diesem pH-Bereich nur schwache positive und keine negativen Ladungen. Dagegen treten im Alkalischen stark negative Ladungen auf, die für die Inaktivierung und Denaturierung des Pepsins oberhalb pH 6 verantwortlich gemacht werden.

Von der Struktur des Pepsins ist die Aminosäuresequenz bekannt. Mit Hilfe von radioaktiv markierten synthetischen Inhibitoren konnten Peptide isoliert werden, in denen der Aspartylrest markiert war. Aus diesen und anderen Versuchen wird angenommen, daß möglicherweise die Carboxylgruppe des Aspartylrestes mit einer Aminogruppe des Substrates eine Peptidbindung eingeht, so daß das erste Spaltprodukt frei wird und die nachfolgende Hydrolyse der Ferment-Substrat-Zwischenverbindung das zweite Peptid liefert. An chemisch modifiziertem Pepsin wurde gezeigt, daß Carboxyl- und Tyrosylgruppen für die Bindung des Substrates essentiell sind. Es gilt jedoch als unwahrscheinlich, daß elektrostatische Wechselwirkungen zum Substrat bestehen, da bei pH 1–2 die Carboxylgruppen undissoziiert sind, der einzige ionisierte Phosphatester für die Katalyse nicht essentiell ist und auch Acetylierung der wenigen positiven Aminogruppen die Aktivität nicht beeinflußt. Versuche mit ungeladenen synthetischen Substraten (Acetyl-Phenylalanylphenylalanin) führten zu dem Schluß, daß die Bindung des Substrates vor allem durch hydrophobe und Wasserstoff-Bindungen erfolgt. Diese Annahme erklärt auch die Substratspezifität des Pepsins. Es hydrolysiert bevorzugt Peptidbindungen die von zwei hydrophoben Aminosäuren gebildet werden, wie z. B. Phe-Leu..., ...Phe-Phe... oder Phe-Tyr...

4.1.6. Rennin

Rennin (Chymosin, Labferment) wird nur in den ersten Monaten nach der Geburt gebildet. Erst beim Übergang von der reinen Milchernährung auf gemischte Kost tritt Pepsin an die Stelle des Rennins.

Die Aktivierung von Prorennin ist pH-abhängig. Sie kann im schwach sauren Bereich (pH 3—5) autokatalytisch erfolgen. Bei pH-Werten unter 3 läuft die Aktivierung spontan ab. Ursache ist das Verschwinden negativer Ladungen von sauren Aminosäureseitenketten des Prorennins, die das Zymogenmolekül durch elektrostatische Wechselwirkungen stabilisiert hatten. Der Verlust dieser Ionenbindungen führt über Conformationsänderungen zur nichtenzymatischen Hydrolyse und Freisetzung eines oder mehrerer Peptide.

Die milchgerinnende Wirkung von Rennin ist auf die gezielte Hydrolyse einer relativ kleinen Proteinfraktion der Milch zurückzuführen, die als $\varkappa$-Casein bezeichnet wird, calcium- und kohlenhydratreich ist, etwa 15% des Gesamtcasein ausmacht und als einzige Caseinfraktion durch Ca^{++} nicht präzipitierbar ist. Sie erfüllt deshalb in der Milch eine Schutzkolloidfunktion.

Durch Rennin wird das $\varkappa$-Casein in ein Glykopeptid und das als unlösliches Calciumsalz präzipitierende Para-$\varkappa$-Casein gespalten. Die dabei hydrolysierte Peptidbin-

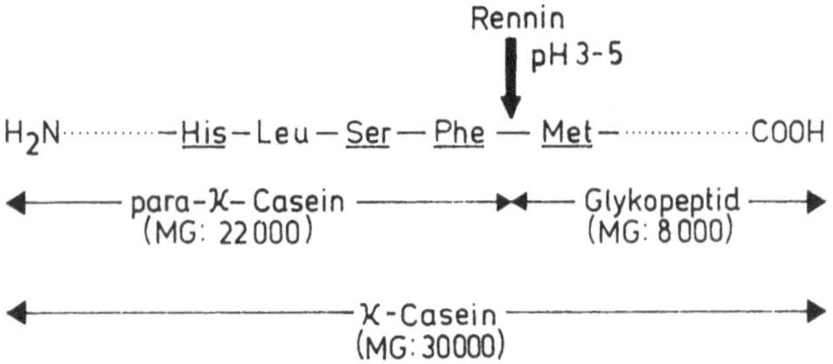

dung wird im κ-Casein vom Phenylalanin und Methionin gebildet und liegt in Nachbarschaft der Aminosäuren Serin und Histidin. Der Serylrest fungiert als Bindungsort für das Rennin, der Imidazolring des Histidins als Protonenacceptor und -donator. Es liegen hier also im Vergleich zu den Serinproteasen umgekehrte Verhältnisse vor.

Die Spaltung der Peptidbindung ...Phe-Met... im κ-Casein tritt bei schwach saurem pH auch in Abwesenheit proteolytischer Enzyme einfach beim Erhitzen ein und löst so die Milchgerinnung aus.

4.1.7. Intrazelluläre Proteasen

Als Kathepsine werden intrazellulär wirksame Proteasen zusammengefaßt, die man in verschiedenen tierischen Geweben (Leber, Milz, Niere) nachweisen, jedoch bisher nur ungenügend rein darstellen konnte. Die Endopeptidasen sind vorwiegend in den Lysosomen, die Exopeptidasen hauptsächlich im Cytosol lokalisiert. Mit Hilfe von synthetischen Substraten ließen sich in der Schweineniere drei Kathepsine (A, B und C) unterscheiden, deren Spezifität etwa der von Pepsin, Trypsin und Chymotrypsin entspricht. Das pH-Optimum von intrazellulären Proteasen liegt meist bei 7,5, aber es sind auch Proteasen mit Optima von pH 3, 5 und 11 beschrieben worden. Es ist ungeklärt, ob in der lebenden Zelle Proteasen am Proteinabbau beteiligt sind, deren pH-Optima so extrem vom „physiologischen" pH abweichen. Modellversuche zeigten, daß bei Bindung von Proteasen an künstliche Membranen und andere Träger eine Verschiebung des pH-Optimums eintritt, wenn diese Membran geladene Gruppen trägt, die zu einer Änderung der H^+-Konzentration in der Mikroumgebung der gebundenen Protease führen. So verursachen beispielsweise negative Trägergruppen eine pH-Erhöhung in der Mikroumgebung der Protease, so daß bereits bei einem höheren pH-Wert des Mediums (Makroumgebung) das Wirkungsoptimum erreicht wird (KATCHALSKI).

Die Aktivität einiger Kathepsine ist von Sulfhydrylverbindungen abhängig; sie sind SH-Enzyme. So läßt sich die Aktivität vom Kathepsin B und C durch Cystein oder Glutathion steigern.

Die bestuntersuchte intrazelluläre Protease ist die *Leucinaminopeptidase (LAP)*, in kristalliner Form aus Rinderaugenlinsen dargestellt worden sind (H. HANSON und Mitarb.). Es ist ein Zinkproteid (Molekulargewicht 320000), das für seine enzymatische Aktivität Mg^{++} oder Mn^{++} benötigt (LAP $[Zn]_7Mn_4$).

Die Substratspezifität für die N-terminale Hydrolyse von Proteinen weist ein breites Aminosäurespektrum auf, jedoch ist die Affinität zum Leucinrest am größten.

Kathepsine sind am degradativen Proteinstoffwechsel der lebenden Zelle sowie proteolytischen Vorgängen der Phagozytose, Pinozytose und postmortalen Autolyse beteiligt. Nach den gegenwärtigen Vorstellungen ist durch Zusammenwirken der bekannten Kathepsine in verschiedenen Zellkompartimenten ein vollständiger Proteinabbau möglich (Abb. 3). Über seine Regulation in tierischen Zellen ist nur wenig bekannt. Profermente und Aktivierungsprozesse ähnlich wie für die Proteasen des Magen-Darm-Traktes konnten für Kathepsine nicht nachgewiesen werden. Bei Mikroorganismen werden Proteasen in Abhängigkeit von der intrazellulären Konzentration freier Aminosäuren reprimiert und induziert (s. T. IV). Auch in pflanzlichen Geweben sind proteolytische Enzyme weit verbreitet. In den Früchten der Feige fand man die Endopeptidase Ficin, in Ananas das Bromelin. Die bekannteste pflanzliche Endopeptidase ist das *Papain*, das aus den Früchten des Papaya-Baumes kristallin gewonnen und einer Struktur- und enzymkinetischen Analyse unterzogen wurde. Es ist ein hoch aktives Hg-Proteid. Das pH-Optimum liegt im Neutralen. Die Spezifität ist dem Pepsin und Chymotrypsin ähnlich und beschränkt sich nicht nur auf Peptidbindungen, sondern es werden auch Aminosäureester und Thiolester gespalten. Die Aktivierung von Papain verläuft unter Freisetzung von Sulfhydryl-Gruppen aus Disulfidbindungen:

$$\underset{\text{inaktives Papain}}{Pa{-}S{-}S{-}Pa} + \underset{\text{Cystein od. red. Glutathion}}{2R'{-}SH} \rightleftharpoons \underset{\text{aktives Papain}}{2Pa{-}SH} + \underset{\text{Cystein oder oxyd. Glutathion}}{R'{-}S{-}S{-}R'}$$

Spektrophotometrische Untersuchungen haben wahrscheinlich gemacht, daß diese essentielle Sulfhydrylgruppe im Verlauf der Katalyse durch das Substrat acyliert und so ein Thiol-acyl-enzym intermediär gebildet wird, das dann der Hydrolyse unterliegt.

4.2. *Allgemeiner Stoffwechsel der Aminosäuren*

4.2.1. *Permeation der Aminosäuren*

Dem intrazellulären Stoffwechsel der Aminosäuren geht ihr *Transport* in das Innere der Zellen voraus. Über die Aufnahme der Aminosäuren und ihre Gesetzmäßigkeiten liegen Untersuchungen an Darmpräparaten, verschiedenen Gewebsschnitten, Erythrocyten und Tumorzellen sowie Bakteriensuspensionen vor. Es handelt sich um einen trägervermittelten Transport, der häufig gegen das Konzentrationsgefälle erfolgt.

Der Aminosäuregehalt ist in tierischen Geweben höher als im Blut. Eine Ausnahme bilden Insekten; ihr hoher Aminosäure-Spiegel (700–800 mg/100 ml extrazelluläre Flüssigkeit) ist geradezu ein biochemisches Charakteristikum dieser Klasse.

In den meisten Zellen sind die Aminosäuren auf das Fünf- bis Zehnfache gegenüber der extrazellulären Flüssigkeit konzentriert. Nicht alle Aminosäuren werden im gleichen Ausmaß und mit gleicher Geschwindigkeit aufgenommen. Das ist auch für verschiedene Zellen und Gewebe unterschiedlich. Zum Beispiel absorbieren Hirnzellen von Meerschweinchen Glutamin schneller als Glutaminsäure. Ehrlich-Ascitestumorzellen haben von allen bisher untersuchten tierischen Zellen die größte Aufnahmegeschwindigkeit für Aminosäuren. Im allgemeinen erfolgt die Aufnahme von L-Aminosäuren rascher als die der D-Isomeren. Das Transportsystem scheint für die meisten Aminosäuren gleich zu sein. Die Aufnahme einer Aminosäure ist durch andere kompetitiv hemmbar. Während der Efflux vorwiegend durch Diffusion erfolgt, ist der Influx sicher ein aktiver, energieverbrauchender Prozeß. Dafür spricht die hohe Akkumulation von Aminosäuren entgegen dem Konzentrationsgradienten sowie deren Hemmbarkeit durch Cyanid, 2,4-Dinitrophenol und andere Inhibitoren der ATP-Synthese. Glucose bewirkt als Energielieferant eine Steigerung der Aminosäure-Absorption. Als „Träger" spielt wahrscheinlich Pyridoxal-weniger Pyridoxalphosphat eine Rolle, wobei intermediär zwischen Aminosäure und Pyridoxal eine SCHIFFsche Base gebildet werden könnte. Dafür sprechen zwei Befunde. Ascitestumorzellen von Mäusen mit Vitamin B_6-Mangel zeigen eine erniedrigte Konzentrierungsfähigkeit für Aminosäuren.

Das entsprechende Antivitamin (4-Desoxy-pyridoxin) hemmt bei allen untersuchten tierischen Zellen die Permeation der Aminosäuren. Zu beachten ist jedoch, daß

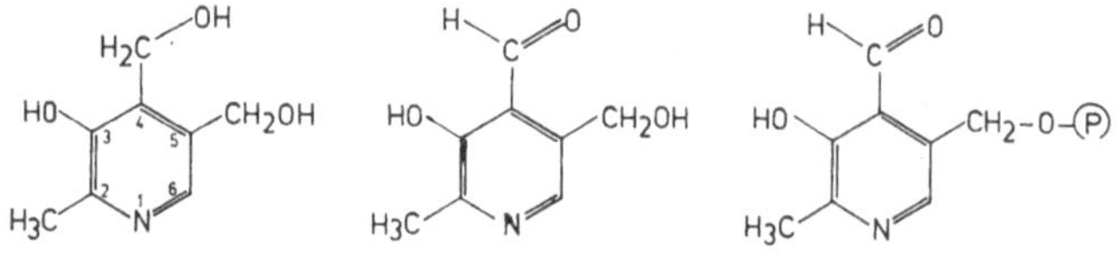

Pyridoxin (Vitamin B_6) — Pyridoxal (PL) — Pyridoxalphosphat (PLP)

Pyridoxin und seine phosphorylierten Derivate an den meisten enzymatischen Reaktionen des Aminosäurestoffwechsels beteiligt sind. Deshalb wäre auch eine Rückwirkung pyridoxalphosphat-katalysierter Reaktionen auf die Permeation möglich.

4.2.2. Dynamischer Zustand der Aminosäuren — Aminosäurepool

Der Aminosäurepool ist Bestandteil der sogenannten „*labilen Mischphase*“ („metabolic pool”). Diese enthält niedrigmolekulare Stoffe des Intermediärstoffwechsels, die Knotenpunkte mehrerer Stoffwechselwege darstellen und eine hohe Umsatzgeschwindigkeit aufweisen wie z. B. Acetyl-Coenzym A, α-Ketoglutarat, Pyruvat, Succinat, Oxalacetat, Glutamat, Aspartat, Alanin, Glycin, Glucose-6-phosphat, Dioxyacetonphosphat und eine große Anzahl anderer Zwischenprodukte des sogenannten *zentralen* Stoffwechsels (Citratcyclus, Atmungskettenphosphorylierung, Pyruvat $\rightleftharpoons$ Triosephosphat-Wege, Transaminierungen). Die labile Mischphase umfaßt demnach alle jene Intermediate des degradativen Zellstoffwechsels (*katabole* Prozesse), die gleichzeitig Ausgangspunkt von Synthesen sein können (*anabole* Prozesse). Die Konzentration ihrer Metabolite ist zumeist selbst ein regulierender Faktor dieser dynamischen Prozesse.

Die Vorstellung von der Existenz eines intrazellulären Pools gründet sich auf Versuche mit ^{15}N-markierten Aminosäuren (Schönheimer). Weißen Ratten wurde mit der üblichen Nahrung ^{15}N-markiertes Leucin zugeführt. Das Isotop ließ sich proteingebunden sowohl in der gleichen Aminosäure als auch in fast allen anderen Aminosäuren wiederfinden, auch in den freien Aminosäuren (nicht markiert waren Threonin und Lysin). Diese und andere Befunde berechtigten zur Annahme, daß ein intrazelluläres „Sammelbecken“ von nichtproteingebundenen Aminosäuren existiert, das von vier Quellen gespeist wird: von der extrazellulären Flüssigkeit, der Umwandlung einer Aminosäure in andere, aus dem Proteinabbau und von Aminosäuren, die über andere Stoffwechselwege synthetisiert werden. Durch Proteinsynthese sowie durch andere Reaktionen (Bildung von Harnstoff, Purinen, Pyrimidinen, Kreatin, Peptiden, Porphyrinen usw.) werden ihm andererseits ständig Aminosäuren entzogen.

Die erwähnten Versuche mit markierten Aminosäuren zeigten eine schnelle Verteilung des N-Isotops in der Protein- und Nicht-Proteinfraktion und sein rasches Erscheinen in Stoffwechselendprodukten. Dies beweist die *Gleichzeitigkeit von Synthese und Abbau*. Die einzelnen freien Aminosäuren besitzen nach ^{15}N-Leucin-Zufuhr eine hohe spezifische Aktivität, unter ihnen besonders Glutaminsäure und Asparaginsäure. Der hohe Markierungsgrad beider Aminosäuren weist auf ihre zentrale Stellung im Aminosäurestoffwechsel hin.

Für jede Aminosäure ist das Durchlaufen des Pools ein notwendiger Schritt für ihren Einbau in die Proteine. Vergleicht man jedoch die Aminosäurezusammensetzung des Pools mit derjenigen der Proteine einer Zelle, so sind die prozentualen Anteile der einzelnen Aminosäuren in Pool und Protein sehr unterschiedlich. Abb. 11 gibt dafür ein Beispiel.

Auch zwischen der Geschwindigkeit, mit der radioaktiv markierte Aminosäuren in die Zelle aufgenommen werden, und der Einbaurate dieser Traceraminosäuren in die Proteine bestehen Unterschiede, die zeigen, daß der Pool, aus dem Aminosäuren zur Proteinsynthese verbraucht werden, kleiner als der gesamte Pool aller freien Aminosäuren einer Zelle ist. Auf Grund dieser kinetischen Heterogenität des Aminosäurepools wird seine funktionelle Kompartimentierund in einen „*expandable*“ und einen „*internal*“ Pool abgeleitet (Abb. 12). Sie wurde für Hefen, Neurospora und tierische Zellen beschrieben.

Die Proteinsynthese soll die Aminosäuren nur aus dem internen Pool entnehmen. Er ist der kleinere Teil des

Gesamtpools, seine Aminosäurekonzentrationen sollen konstant sein. Wahrscheinlich entsprechen im internen Pool die Konzentrationen der Aminosäuren untereinander denen im Protein. Ein äquivalentes strukturelles Kompartiment (Mikrosomen, Cytoplasma, Mitochondrien oder

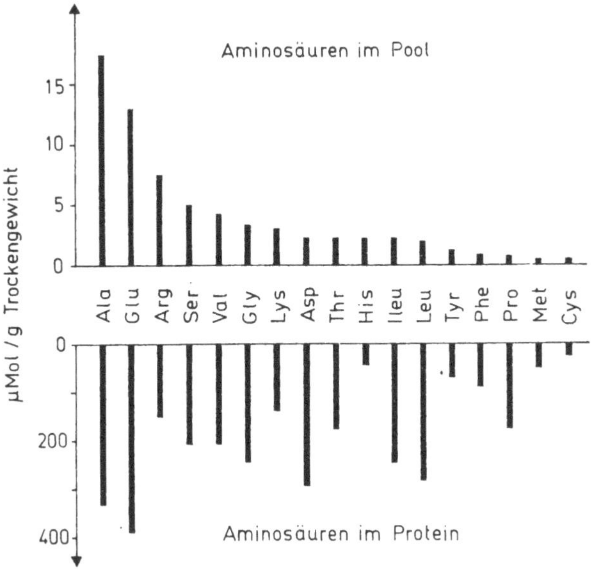

Abb. 11: Aminosäurezusammensetzung des Pools und des Proteins von *Neurospora crassa*

[nach AURICH, H. und Mitarb.: Z. Allg. Mikrobiol. 8 (1968), 9]

Kern, Bindung von Aminosäuren an Nucleinsäuren, Lipoide oder Proteine) konnte dem internen Pool bisher nicht mit Sicherheit zugeordnet werden.

Im „expandable" Pool werden Aminosäuren in Abhängigkeit von ihrer extrazellulären Konzentration und ihres Membrantransportes sowie je nach zelleigenen Synthese- und Abbaugeschwindigkeiten akkumuliert.

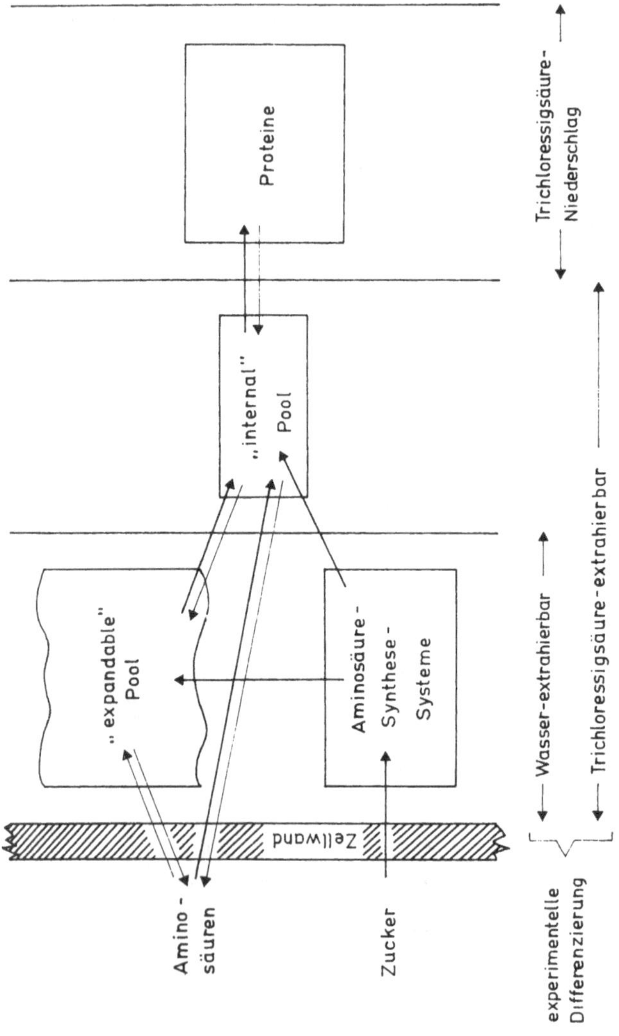

Abb. 12: Funktionelle Kompartimente des Aminosäurepools

Die dicken Pfeile geben die Flußrichtungen bei Proteinsynthese an (nach KEMPNER, E. S., und COWIE, D. B.: Biochim. Biophys. Acta **42** (1967), 401)

Die Größe dieses Pools unterliegt somit stark exogenen und endogenen Einflüssen, sie ist jedoch von regulatorischer Bedeutung für den Proteingehalt einer Zelle. So verhindert während der Wachstumsphase von Neurospora ein hoher Aminosäurepool die intrazelluläre Proteolyse. Sinkt mit Beginn der stationären Phase der Aminosäurespiegel, werden Proteasen induziert. Andererseits bestehen direkte Beziehungen zwischen Aminosäurepool, Nucleinsäurestoffwechsel und Proteinsynthese. Zum Beispiel wird die Synthese der ribosomalen RNS durch freie Transfer-RNS reprimiert. Diese Repression kann durch Aminosäurevermehrung im Pool angehoben werden, weil dadurch die freie t-RNS in ihre repressorisch unwirksame Aminoacylverbindung gebracht wird (vgl. dazu Band 4).

4.2.3. Stoffwechsel der Aminogruppe

Entsprechend dem Aufbau der Aminosäuren kann man ihren allgemeinen Stoffwechsel in einen Stoffwechsel der Aminogruppe und des Kohlenstoffskeletts unterteilen.

Den Stoffwechselwegen der Aminosäuren liegen drei Reaktionstypen zugrunde, die für viele Aminosäuren gleich sind: a) Transaminierung, b) Desaminierung, c) Decarboxylierung.

4.2.3.1. Desaminierung und reduktive Aminierung

Die ersten Studien über die Desaminierung der Aminosäuren stammen von Krebs. Er beobachtete an Leberpräparaten die Oxydation von L- und D-Aminosäuren zu Ketosäuren und konnte für diese Reaktionen zwei Enzymsysteme nachweisen, die man hinsichtlich ihrer Spezifität in *L-* und *D-Aminosäure-Oxydasen* unterteilt. Sie sind zumeist Flavinenzyme. Die Desaminierung erfolgt in zwei Reaktionsschritten, wobei nur der erste ein enzymatischer ist. Die intermediär entstehende labile

Iminosäure hydrolysiert spontan unter Freisetzung von Ammoniak.

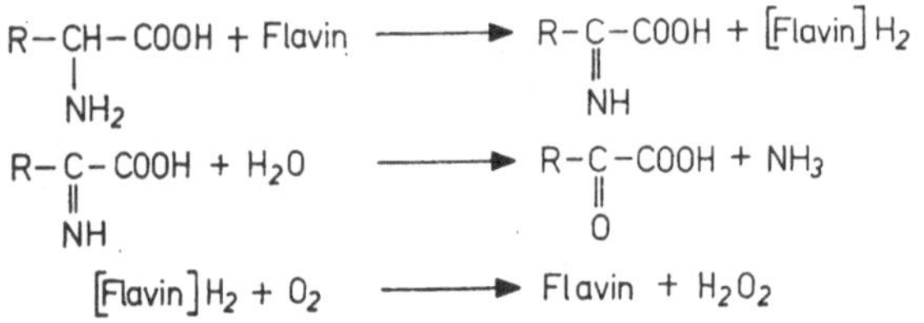

Die Reaktion ist irreversibel. Die prosthetische Gruppe des Enzyms kann den Wasserstoff auf molekularen Sauerstoff übertragen. Prosthetische Gruppe der D-Aminosäureoxydasen ist FAD, bei vielen L-Aminosäureoxydasen ist es FMN. Eine Ausnahme macht die für aromatische Aminosäuren hochaktive L-Aminosäureoxydase im Gift und Gewebe der Klapperschlange: prosthetische Gruppe dieses Enzyms ist FAD.

Merkwürdigerweise besitzen tierische Gewebe (Niere, Leber) eine sehr aktive D-Aminosäureoxydase, während die Aktivität der L-Aminosäureoxydasen niedrig ist. Über die Funktion der D-Aminosäureoxydasen ist nichts Sicheres bekannt; ihnen wird eine Schutzfunktion zugeschrieben, die in einer Zerstörung der unphysiologischen D-Aminosäuren bestehen könnte.

(In Darmbakterien ermöglichen Racemasen die Verwertung und Bildung von D-Aminosäuren).

Bedeutungsvollstes desaminierendes Enzym ist die *L-Glutamatdehydrogenase.* Obwohl sie in Mitochondrien vorkommt läßt sie sich verhältnismäßig leicht extrahieren und im kristallisierten Zustand darstellen. Sie braucht NAD^+ oder $NADP^+$. Das Gleichgewicht liegt auf der Seite der reduktiven Aminierung. Zwischenprodukt ist α-Iminoglutarsäure.

$$\text{L-Glutamat} + \text{NAD(P)}^+ + H_2O \rightleftharpoons \alpha\text{-Ketoglutarat} + \text{NAD(P)H} + NH_4^+$$

Die Bedeutung der Glutamatdehydrogenasereaktion besteht in ihrer Reversibilität. Durch sie wird

1. der Glutamatstoffwechsel mit dem Citratcyclus verbunden und

2. eine Fixierung oder Bildung von freiem Ammoniak möglich;

3. die Spezifität der Glutamatdehydrogenase für beide Pyridinnucleotide läßt dieses Ferment als Transhydrogenase wirksam werden.

Einigen Mikroorganismen fehlt die Glutamatdehydrogenase; sie verwenden für die NH_3-Fixierung NAD^+-spezifische Alanin- und Aspartatdehydrogenasen. Letztere wurde auch in Pflanzen gefunden.

Von Interesse sind noch einige spezielle desaminierende Enzymsysteme, die für bestimmte Aminosäuren, wie Cystein, Serin, Threonin, Homocystein, Homoserin, Histidin, Asparaginsäure und Tryptophan existieren und nicht oxydativ wirken. Es handelt sich dabei meist um *Dehydratasen*, deren Aktivität von Pyridoxalphosphat und zum Teil von ATP, Mg^{++} und reduziertem Glutathion abhängig ist. Die Desaminierung verläuft über eine α-, β- oder β-,γ-ungesättigte Aminosäure zur Iminosäure, die dann spontan hydrolisiert. Zum Beispiel

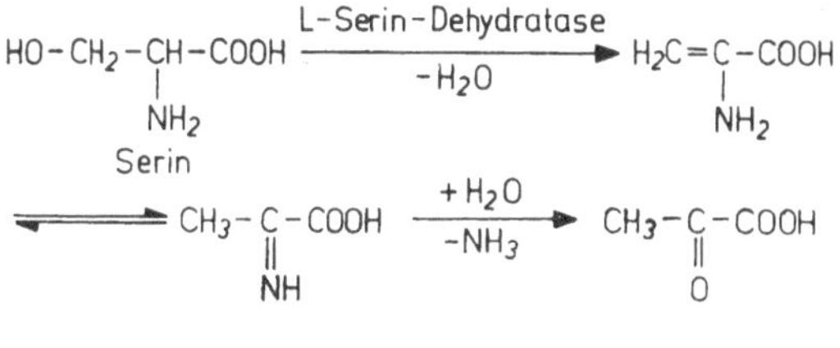

In der Niere spielt möglicherweise die *Glycinoxydase* für die Ammoniakbildung eine Rolle. Durch dieses FAD-spezifische Enzym wird L-Glycin in Ammoniak und

Glyoxylsäure umgewandelt; die Summengleichung lautet:

$$NH_2-CH_2-COOH + \frac{1}{2} O_2 \rightarrow NH_3 + \overset{\overset{\displaystyle O}{\|}}{C}H-COOH$$

Die im allgemeinen niedrige Aktivität der Enzyme für die oxydative und nichtoxydative Desaminierung von L-Aminosäuren läßt auf ihre nicht allzu große Bedeutung für das Schicksal der Aminogruppe im Aminosäurestoffwechsel von Säugetier und Mensch schließen. Vielmehr verläuft der Weg der Aminogruppe vorwiegend über Transaminasesysteme (s. S. 155).

4.2.3.2. Amidierung — Desamidierung

Die Bildung des Ammonium-Ions aus Aminosäuren betrifft nicht nur die Desaminierung. Auch die Säureamidgruppe des L-Glutamins und L-Asparagins wird hydrolytisch abgespalten. Diese Desamidierung katalysiert die *Glutaminase I* bzw. *Asparaginase I*. Beide Aminosäuren nehmen auch an Transaminierungen teil, bei denen das entstandene α-Ketoglutarsäureamid nachfolgend desaminiert wird (Glutaminase II bzw. Asparaginase II). Als hydrolytische Reaktion ist die Desamidierung praktisch irreversibel.

Die Glutamin- und Asparagin-Synthese wird von spezifischen Enzymen katalysiert und verbraucht ATP:

$$\text{L-Glutaminsäure} + NH_3 + ATP \xrightleftharpoons{Mg^{++} \text{ oder } Mn^{++}} \text{L-Glutamin} + ADP + P$$

Glutaminsythetase wurde in Hirn, Leber und anderen Geweben verschiedener Tierarten sowie in Bakterien und Pflanzen gefunden.

In *E. coli* wurde eine aktive (GS a) und eine inaktive Form (GS b) der Glutaminsynthetase entdeckt. Das Verhältnis von GS a zu GS b bestimmt die glutaminsynthetisierende Aktivität der Zelle. Dieses Verhältnis wird von zwei verschiedenen Enzymen eingestellt: einem GS-inaktivierenden Enzym und einem aktivierenden System (HOLZER und Mitarb.). Das GS-inaktivierende Enzym ist eine Adenyl-transferase. Sie bewirkt die Veresterung der OH-Gruppe von Tyrosylresten mit Adenylsäure, die aus dem ATP stammt und inaktiviert dadurch die Glutaminsynthetase unter Freisetzung von Pyrophosphat (STADTMAN und Mitarb.). Die Reaktivierung ist durch Desadenylylierung der Glutaminsynthetase möglich und wird durch ein anderes Enzymsystem katalysiert.

Die beiden GS-umwandelnden Enzyme unterliegen der Kontrolle durch Metabolite des Energie- und Glutamat-Stoffwechsels. ATP und α-Ketoglutarat stimulieren die Reaktivierung, AMP und Glutamin hemmen sie. Auf das GS-inaktivierende Enzym haben diese Metabolite einen antagonistischen Effekt. Auf diese Weise wird die zelluläre Glutaminsynthetase-Aktivität durch Metabolite indirekt kontrolliert. Eine Akkumulation des Glutamin oder ein niedriger zellulärer ATP-Spiegel begünstigen die inaktive Form des Enzyms nach Art einer negativen „feedback“-Kontrolle, ein hohes Angebot des Substratvorläufers α-Ketoglutarat und ein hoher ATP/AMP-Quotient begünstigen die aktive Glutamin-Synthetase nach Art eines positiven „feed-forward“-Mechanismus (vgl. Band IV). Unabhängig von diesen kurzzeitigen Regulationsmechanismen unterliegt die Glutaminsynthetase einer genetischen Kontrolle. Ihre Synthese wird durch NH_4^+ reprimiert; dabei ist Glutamin der intrazelluläre Corepressor (s. Band IV).

In den meisten Pflanzenspezies stellen insbesondere Asparagin, aber auch Glutamin Endprodukte des N-Stoffwechsels dar; diese werden mangels geeigneter Exkretionsorgane in erheblichen Mengen abgelagert. Bei Säugetieren ist die Glutaminsynthese von großer Bedeu-

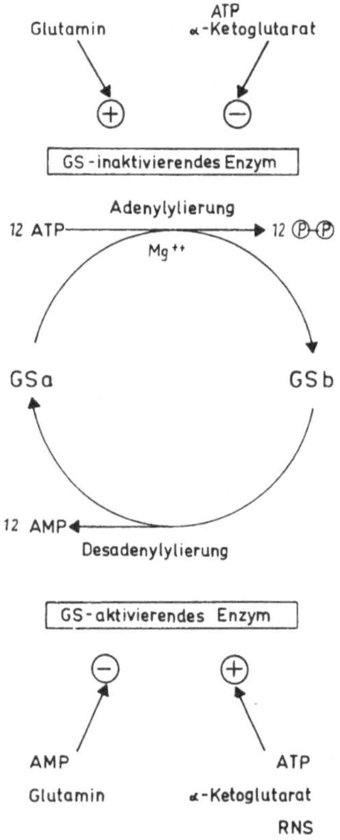

Abb. 13: Regulation der Glutaminsynthese (GS) von *E. coli*
a = aktive, b = inaktive Form der GS

tung für die Fixierung und den Transport von NH_3, das als Reserve für Synthesen von Aminosäuren und daraus hervorgehenden N-haltigen Verbindungen sowie für Regulationsvorgänge im Säure-Basen-Haushalt und Mineralhaushalt dient. Von Vorteil ist die leichte Permeabilität des Glutamins. Im Säugetierblut macht es ein Fünftel des Aminostickstoffs aus. In der Leber kann der Amid-Stickstoff über spezielle Transaminase-Desamidase-II-Systeme verwendet werden. Glutaminase I und Asparaginase I zeigen dieselbe Lokalisation wie die Synthetasen. In den Nieren erfüllt die Glutaminase eine wichtige Funktion: Ammonium wird im Austausch gegen reabsorbierte Kationen (Na^+, Ca^{++}, Mg^{++}) in das Tubuluslumen abgegeben und dient so der Kationeneinsparung.

4.2.3.3. *Transaminierung*

Die Übertragung der Aminogruppe von einer Aminosäure auf eine α-Ketosäure, ohne daß dabei freies Ammonium intermediär in Erscheinung tritt, wird von *Transaminasen (Aminotransferasen)* katalysiert. Solche Enzymsysteme wurden von Braunstein und Kritzmann (1937) erstmals beschrieben. Die Transaminierung erfolgt nach der allgemeinen Gleichung)

$$R_1-\underset{\displaystyle NH_2}{\underset{|}{CH}}-COOH + R_2-\underset{\displaystyle O}{\underset{\|}{C}}-COOH \rightleftharpoons R_1-\underset{\displaystyle O}{\underset{\|}{C}}-COOH + R_2-\underset{\displaystyle NH_2}{\underset{|}{CH}}-COOH$$

Coenzyme der Transaminasen ist das *Pyridoxalphosphat* (PLP; Formel s. S. 144). Seine Carbonylgruppe bildet mit der ε-Aminogruppe eines Lysinrestes in kovalenter Iminbindung eine sogenannte Schiffsche Base oder Aldimin (Poljanowskij u. Mitarb.). Darüber hinaus bestehen mehrere schwache Bindungen, die für eine

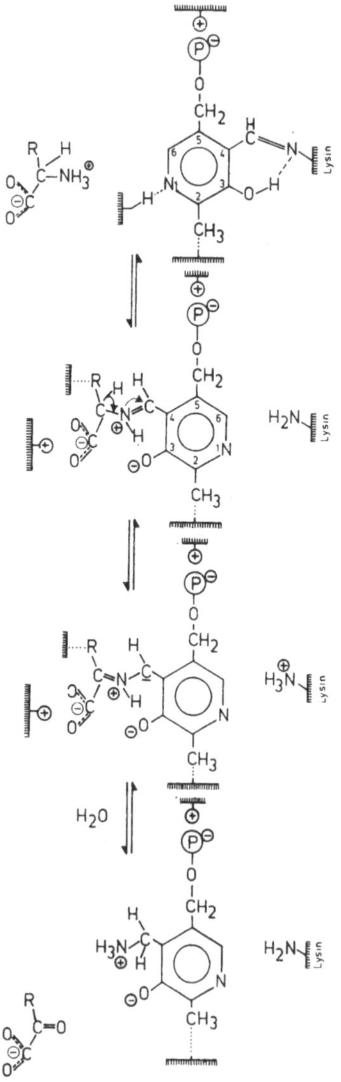

„inneres" Aldimin

„äußeres" Aldimin

Ketimin

Pyridoxamin-phosphat

Abb. 14

Schema zum Mechanismus der Transaminierung

Fixierung des Coenzyms in katalytisch hochaktiver Form essentiell sind: a) Eine salzartige Bindung zwischen dem Phosphatrest von PLP und einer kationischen Gruppe des Apoenzyms, sowie b) Wasserstoffbrücken von einer protonenliefernden Gruppe des Apoenzyms zum Stickstoff des Pyridinkerns und c) vom phenolischen Hydroxyl des PLP zum Stickstoff der Iminogruppe. Die Methylgruppe des PLP tritt in hydrophobe Wechselwirkung zum Apoenzym (Abb. 14, oberstes Formelbild). Die an den Bindungen beteiligten Aminosäuren des Apoenzyms sind bis auf Lysin noch nicht identifiziert worden.

Die Transaminierung verläuft über mehrere Zwischenstufen (Abb. 14). Zunächst wird die Aminosäure durch ihren ionisierten Carboxylrest und ihre Seitenkette an komplementäre Gruppen des Enzymproteins gebunden. Der Bildung dieses primären MICHAELIS-Komplexes folgt die Bindung des Substrates an das Coenzym. Dabei verdrängt die Aminogruppe des Substratmoleküls den Lysinrest aus der oben beschriebenen „inneren" SCHIFFschen Base des Enzyms und bildet mit dem PLP ein „äußeres" Aldimin. Die Bildung der SCHIFFschen Base zwischen Substrat und Coenzym erfolgt also nicht durch direkte Kondensation der Carbonyl- und Aminogruppe unter Wasserentzug, sondern durch *Transaldimierung*. Der nächste Schritt ist eine prototrope Umlagerung des Aldimins zum tautomeren Ketimin, das sodann zur Ketosäure und dem Pyridoxaminphosphat-Proteid hydrolysiert.

Im zweiten Stadium des Transaminierungscyclus, der nach Art des pingpong-Mechanismus verläuft (vgl. Teil II), reagiert ein anderes Ketosäuremolekül mit dem Pyridoxamin-Enzym in rückläufiger Richtung über dieselben Zwischenstufen.

Die prototrope Umlagerung ist die langsamste Teilreaktion der Katalyse. Sie ist für Transaminasen streng stereospezifisch. Es reagiert nur der α-Wasserstoff von L-Isomeren der Aminosäuren und nur eines von den zwei 4'-ständigen Wasserstoffatomen am Pyridoxaminphosphat (SNELL und DUNATHAN). Die prototrope Umlagerung stellt eine Säure-Base-Katalyse dar, an der vermutlich Histidin beteiligt ist.

Über die mögliche Topochemie der Transaminierung ist von A. E. BRAUNSTEIN, W. IWANOW und M. J. KARPEISKIJ ein dynamisches Modell entworfen worden. Sie gehen von der Annahme aus, daß das aktive Zentrum des Enzyms zwei funktionell und räumlich gesonderte Bereiche einschließt. In dem einen liegt das Coenzym in Aldiminbindung mit dem Lysinrest vor, der andere Bereich enthält die Bindungsstellen für das Substrat und die katalytischen Gruppen für die prototrope Umlagerung. Eine solche Gliederung des aktiven Zentrums ermöglicht nur dann die Transaldimierung und alle nachfolgenden Schritte, wenn das Coenzym bei Anwesenheit des Substrates einen Orientierungswechsel vollzieht. Diese Umwandlung vom „inneren" zum „äußeren" Aldimin ist nun mit einer reversiblen Rotation oder Pendelbewegung des PLP verknüpft. Ein Drehpunkt ist dabei die am Protein fixierte Phosphatgruppe von PLP (die Methylgruppe in 2'-Stellung des PLP ist entbehrlich). Die räumliche Veränderung des Coenzyms erfordert und verursacht Conformationsänderungen im Proteinanteil der Transaminase; sie sind ein gutes Beispiel für die Substratinduzierte Conformationsanpassung („induced fit" nach KOSHLAND, vgl. Teil II).

Es gibt eine große Vielfalt der Transaminierungssysteme in der belebten Natur. Sie besitzen eine überragende Bedeutung im Stoffwechsel der Aminogruppe. An ihr sind die meisten Aminosäuren beteiligt. Ausnahmen bilden Lysin, Threonin und die α-Aminogruppe des Arginins. Dies wurde durch Verfütterung von ^{15}N-markiertem Ammoniumcitrat an junge Ratten nachgewiesen. ^{15}N befand sich nach einiger Zeit in den Aminogruppen der meisten Aminosäuren, nicht aber in denen der drei genannten. Glutaminsäure und Asparaginsäure wiesen die größte spezifische Aktivität auf. Dies wird erklärt durch den hohen Gehalt tierischer Gewebe an zwei spezifischen

Transaminasen. Es sind dies die *Glutamat-Oxalacetat-Transaminase (GOT)* und *Glutamat-Pyruvat-Transaminase (GPT)*. Das ^{15}N-haltige Ammonium gelangt durch reduktive Aminierung der α-Ketoglutarsäure in die Glutaminsäure und wird dann durch Transaminierung zunächst in Asparaginsäure und schließlich in die anderen Aminosäuren eingebaut. Wachstumsversuche ergaben, daß eine Anzahl von Aminosäuren durch ihre analogen Ketosäuren ersetzbar sind. Auch dies läßt sich durch Transaminierung erklären.

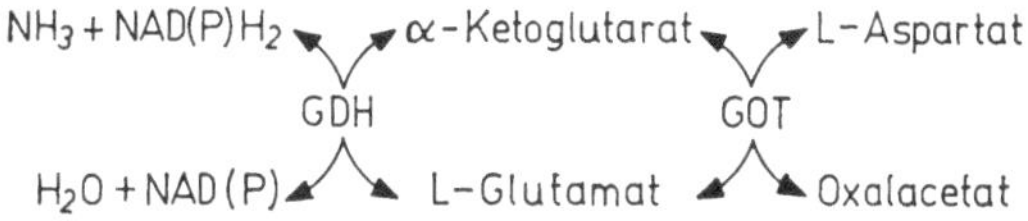

Die Bestimmung von GOT und GPT im menschlichen Blutserum ist in der klinischen Diagnostik und Verlaufskontrolle von Leber- und Herzerkrankungen wichtiges Hilfsmittel. Die Transaminaseaktivitäten sind in den

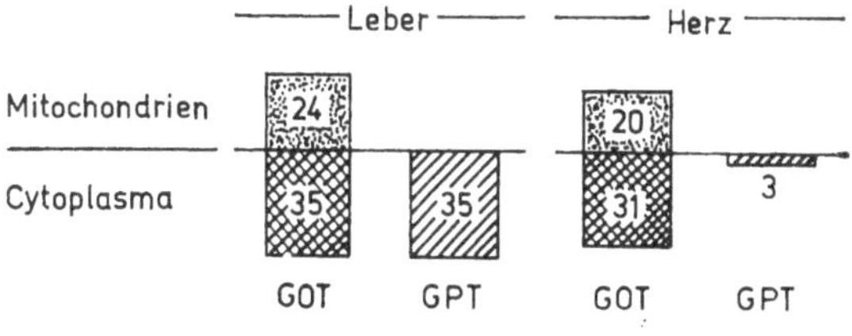

Abb. 15: Intrazelluäre Verteilung der Transaminasen
GOT = Glutamat-Oxalacetat-Transaminase
GPT = Glutamat-Pyruvat-Transaminase
Zahlen: Aktivität in internationalen Einheiten pro g Organ

subzellulären Fraktionen von Leber und Herz unterschiedlich verteilt (Abb. 15). Die GPT ist nur im Cytoplasma, GOT sowohl cytoplasmatisch als auch mitochondrial lokalisiert. Bei einer akuten Schädigung der gesamten Zelle treten beide Transaminasen in das Blut über (Abb. 16, Beispiele Herzinfarkt und CCl_4-Vergiftung).

Das Verhältnis von GOT- zu GPT-Aktivität im Serum entspricht dann etwa der Relation intrazellulärer Gesamtaktivitäten von beiden Transaminasen. Das Ausmaß des Aktivitätsanstieges erlaubt Rückschlüsse auf den Schwere-

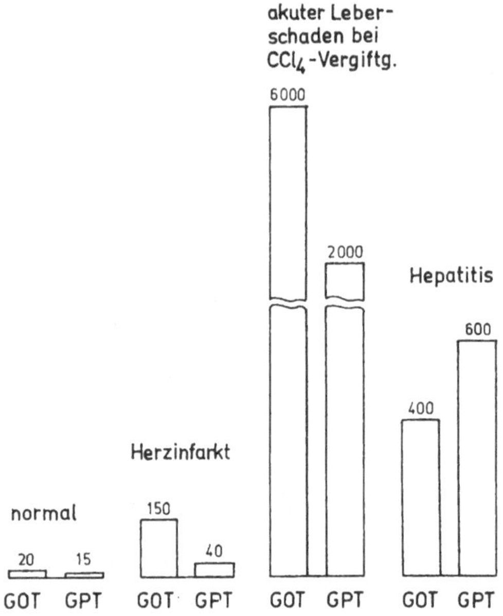

Abb. 16: Transaminase-Aktivitäten im Blutserum bei verschiedenen Erkrankungen
Zahlen: in E/ml Serum

grad der Organschädigung. Werden bei einer Lebererkrankung wie Hepatitis die Mitochondrien nicht in Mitleidenschaft gezogen, findet man im Serum einen stärkeren Aktivitätsanstieg der GPT als GOT, obwohl beide Transaminasen im Cytoplasma der Leberzelle gleiche Aktivität besitzen. Die Ursache dieser Verzerrung der Proportion von GOT zu GPT ist die unterschiedliche Eliminationsgeschwindigkeit der Transaminasen. Die Halbwertszeit von GOT im Blutplasma ist geringer als die der GPT.

Abb. 17 zeigt dazu einen entsprechenden Kaninchenversuch. Obwohl GOT in höherer Aktivität als GPT in die Blutbahn injiziert wurde, ist nach 10 Stunden die GOT-Aktivität auf Grund der hohen Eliminationsrate niedriger als die GPT-Aktivität.

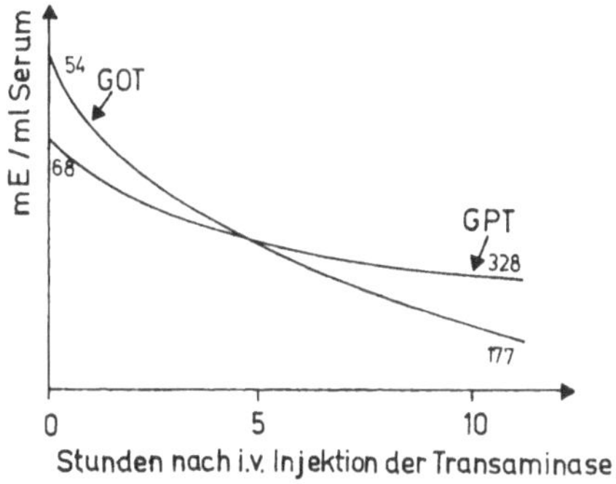

Abb. 17: Eliminationsgeschwindigkeit der Serum-Transaminasen
Zahlen: Halbwertszeiten in Minuten

4.2.3.4. Endprodukte des Stickstoff-Stoffwechsels

Der Abbau der Aminosäuren verläuft unter Trennung der Aminogruppe vom Kohlenstoffskelett. Letzteres wird in Stoffe umgewandelt, die auch Produkte des Kohlenhydrat- und Fettstoffwechsels darstellen und vollständig oxydiert werden können. Der Aminostickstoff erscheint in Harnstoff, Harnsäure und Ammoniak. Dies sind die wichtigsten Endprodukte des N-Stoffwechsels.

Die Entfernung des Ammoniaks aus dem Organismus ist lebensnotwendig. Man injizierte Kaninchen kristalline Urease. Das Ferment hydrolysiert den Harnstoff:

$$OC(NH_2)_2 + H_2O \rightarrow CO_2 + 2NH_3$$

Sobald die Konzentration des Ammoniaks im Kaninchenblut auf ca. 5 mg-% gestiegen war, starben die Tiere, ohne daß etwa eine Blut-pH-Verschiebung eingetreten wäre. Die intravenöse Injektion von Ammoniumsalzen, aber auch von großen Mengen eines Aminosäure-Gemisches demonstrieren ebenfalls die Toxizität des Ammoniaks.

Bei niederen wirbellosen Wassertieren erfolgt die Entfernung des Ammoniaks einfach durch Abgabe an das umgebende Milieu. Die relativ große und für NH_3 permeable Oberfläche dieser Tiere erlaubt eine ungehinderte Diffusion des Ammoniaks in das Wasser, in dem es ausreichend verdünnt wird. Bei den übrigen Tieren erfolgt die Entgiftung des Ammoniaks durch Bildung von Harnstoff und Harnsäure. Je nach dem Endprodukt, das in den Exkrementen mengenmäßig am meisten vorliegt, unterscheidet man eine *ammonotele* (Ammoniak), *ureotele* (Harnstoff) und *uricotele* (Harnsäure) Form der N-Ausscheidung. Die Entgiftung des Ammoniaks durch Umwandlung in andere Exkretionsprodukte stellt eine notwendige Adaptation beim Wechsel vom Leben im Wasser zum Landleben dar. Zu den „ureotelen" Tieren gehören die landbewohnenden Vertebraten (ausgenommen Vögel und Reptilien) und viele Fische, zu den „uricotelen" die Vögel und Reptilien. Die Harnsäureausscheidung trifft nur für die Tiere zu, deren Wasserversorgung begrenzt ist und bei denen die Exkretion der N-haltigen Endprodukte nicht in einem hochverdünnten Harn erfolgen kann (BALDWIN). Diese Annahme stützt sich auf Untersuchungen an Schildkrötenarten, die unter verschiedenen Bedingungen leben (s. Tabelle 3). Vom phylogenetischen Standpunkt interessant sind die Studien NEEDHAMS über die N-haltigen Exkretionsprodukte von Hühnerembryonen (Abb. 18). Im Anfang der Entwicklung wird Ammoniak gebildet wie bei einem im Wasser lebenden Tier. Im Verlauf der Embryogenese verschwindet dann Ammoniak zugunsten einer Harnstoffsynthese, und endlich verhält sich das Hühnchen wie ein uricoteles

Tier, dessen Entwicklung sich in einem abgeschlossenen Ei unter Wassermangel vollzieht.

Tabelle 3:
N-Ausscheidung einiger Schildkrötenarten (nach v. MOYLE)

Lebensraum	Ammoniak	Harnstoff	Harnsäure
a) nur Wasser	20 – 25	20 – 25	5
Wasser und Land	6	40 – 60	5
b) nur Land			
bevorzugt feucht	6	30	7
bevorzugt trocken	5	10 – 20	50 – 60

Werte in % des ausgeschiedenen Gesamt-N

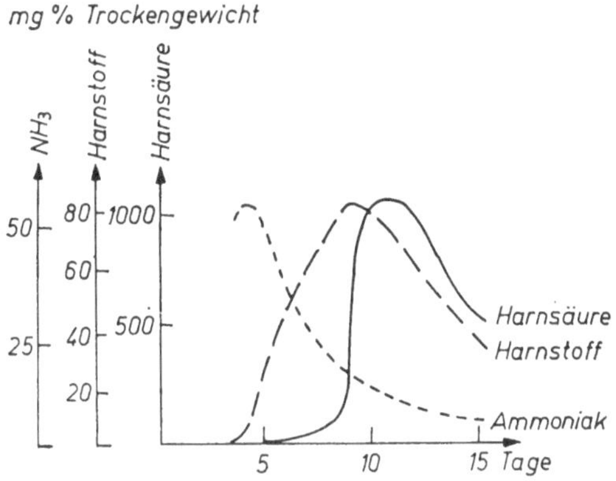

Abb. 18: N-haltige Exkretionsprodukte in der Embryogenese von Hühnern

Neben Harnstoff und Harnsäure werden noch andere N-haltige Verbindungen ausgeschieden; so Kreatinin, Indican, Allantoin, Aminosäuren, konjugierte Aminosäuren und Purine. Trimethylaminoxyd, $(CH_3)_3N{=}O$, ist N-Ausscheidungsprodukt bestimmter Meerestierarten, kann aber auch in geringen Mengen im Säugetierharn erscheinen. In den Exkrementen von Spinnen fand man anstelle von Harnsäure das Guanin (Harnsäuresynthese s. S. 210). Der Mensch scheidet im Harn durchschnittlich 10 bis 18 g Gesamtstickstoff pro Tag aus, der sich wie folgt verteilt (Tabelle 4):

Tabelle 4:
N-haltige Verbindungen im durchschnittlichen 24-Stunden-Harn eines erwachsenen Menschen

Verbindung	gN/Tag
Harnstoff	6 – 18
Harnsäure	0,08 – 0,2
Ammonium	0,4 – 1,0
Aminosäuren	0,08 – 0,15
Hippursäure	0,04 – 0,08
Kreatinin	0,3 – 0,8
Peptide	0,3 – 0,7

Die Gesamt-N-Ausscheidung ist von der Ernährung abhängig. Eine eiweißreiche Kost erhöht den Gesamt-N; es nimmt vor allen die Harnstoff-, anfangs auch die Aminosäureausscheidung zu.

4.2.3.5. Harnstoff-Synthese

Die Umwandlung des Aminosäurestickstoffs geht für die meisten Aminosäuren zwei Wege: Über die *Transaminierungen* zur *Glutaminsäure*, die ihrerseits oxydativ desaminiert wird; und über Transaminierungen zur *Asparaginsäure.* Die Glutamat-Oxalacetat-Transaminase liefert Aspartat für die Synthese von Arginin, die Glutaminsäuredehydrogenase liefert Ammoniak für die Synthese von Carbamylphosphat.

Ammoniak wird also zur Harnstoffsynthese zunächst in zwei Formen fixiert: In Asparaginsäure und Carbamylphosphat. Die Synthese erfolgt in einer cyclischen Serie von Umwandlungen, deren Zwischenprodukte Ornithin, Citrullin und Arginin sind (KREBS und HENSELEIT, 1932). Das Kohlenstoffatom des Harnstoffs stammt aus dem CO_2, das hauptsächlich im Citratcyclus gebildet wird. Orte der Harnstoffsynthese sind in ureotelen Tieren und beim Menschen die Lebermitochondrien.

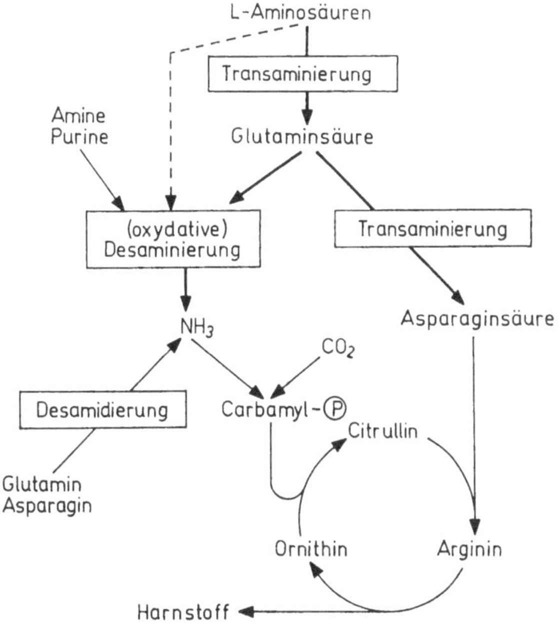

Als Endprodukt des N-Stoffwechsels ist Harnstoff eine ideale Substanz. Er ist gut wasserlöslich, leicht diffusibel und wirkt in einem weiten Konzentrationsbereich nicht toxisch. Im Blut macht Harnstoff etwa die Hälfte des Reststickstoffs aus (ca. 30 mg-% beim Menschen).

4.2.3.5.1. Reaktionen und Enzyme des Ornithin-Cyclus

Die Synthese des Carbamylphosphates vollzieht sich in folgender Reaktion: Diese von dem Enzym *Carbamyl-phosphat-Synthetase* katalysierte Reaktion ist irreversibel.

$$NH_4^+ + HCO_3^- + 2\,ATP \xrightarrow[\text{Acetylglutamat}]{Mg^{++}} H_2N{-}C{\overset{O}{\underset{O-Ⓟ}{\lessgtr}}} + 2\,ADP + Ⓟ$$

Carbamylphosphat

Als Cofaktor ist N-Acetyl-Glutaminsäure notwendig. In einer ersten Teilreaktion werden ATP und N-Acetyl-glutamat an das Enzym gebunden und die Aktivierung des Bikarbonats durchgeführt:

$$ATP + HCO_3^- \xrightarrow[Mg^{++}]{\text{Acetyl-Glu}} ADP + Ⓟ + \text{„aktives } CO_2\text{“}$$

Dabei wird der CO_2-Rest an das N-Atom des Cofaktors gebunden. Die Bindung ist ähnlich der „aktiven CO_2“-Bildung im Falle des Biotins (Teil II, S. 170).

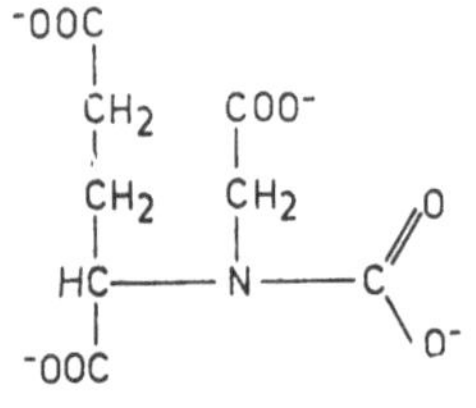

N-acetyl-glutamat-aktivierte Kohlensäure

Für den zweiten Schritt der Carbamylphosphatsynthese besitzt das Enzym eine zweite ATP-bindende Stelle:

$$ATP + \text{„aktives } CO_2\text{“} + NH_4 \xrightarrow{\text{Acetyl-Glu}} H_2N{-}C{\overset{O}{\underset{O-Ⓟ}{\lessgtr}}} + ADP$$

Carbamylphosphat wird durch eine Carbamyltransferase, die *Ornithin-Transcarbamylase* auf die δ-Aminogruppe des *Ornithins* übertragen.

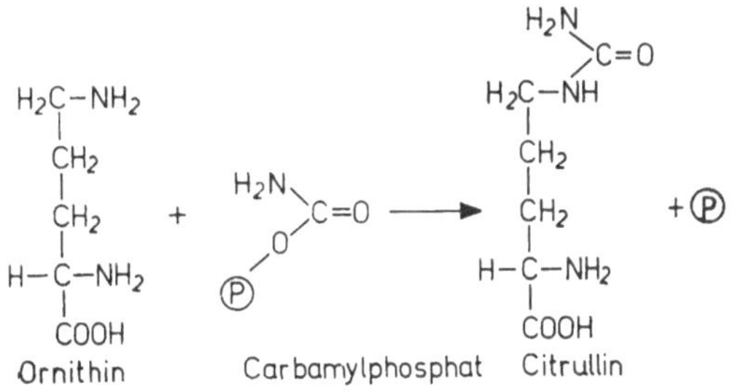

Aus *Citrullin* entsteht *Arginin* nicht durch eine einfache Ammoniakanlagerung, sondern hierbei fungiert Asparaginsäure als Aminogruppendonator. Die Synthese von Arginin aus Citrullin wird durch zwei Enzyme katalysiert: durch die *Argininosuccinat-Synthetase* und durch ein spaltendes Enzym, die Argininosuccinat-Lyase. Zuerst kondensiert Asparaginsäure mit Citrullin zu *Succinyl-arginin* (Argininosuccinat). Die Reaktion ist stark endergonisch und daher irreversibel; es wird dabei aus ATP Pyrophosphat freigesetzt.

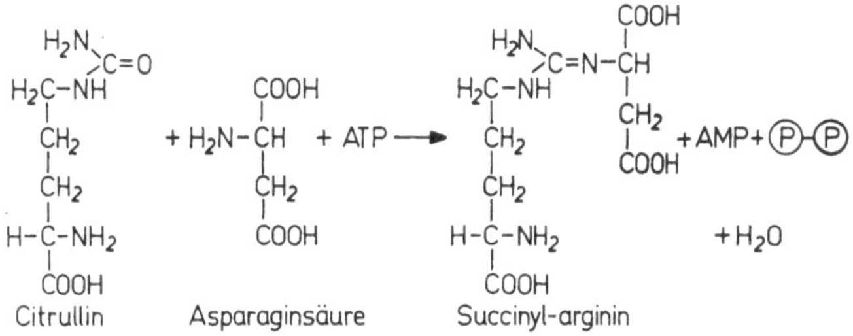

Succinylarginin wird zu Arginin und Fumarsäure gespalten.

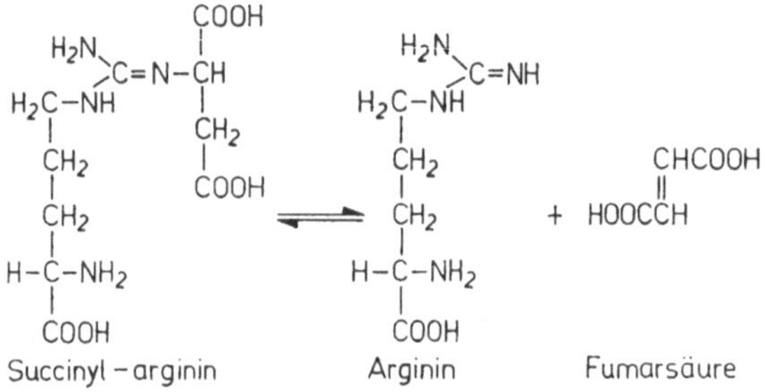

Arginin ist die „Muttersubstanz" des Harnstoffs. Dieser wird durch die Arginase freigesetzt:

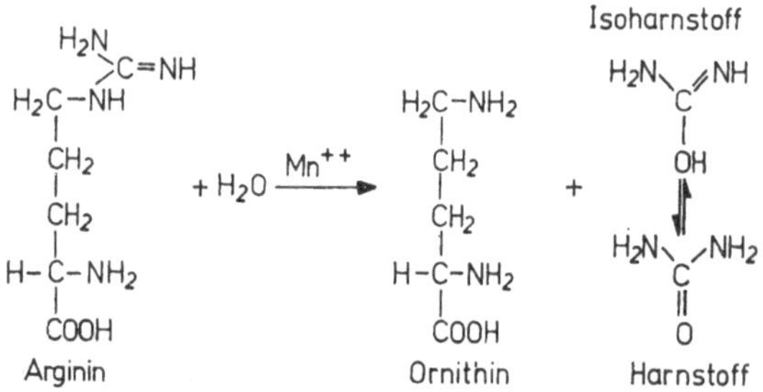

Die *Arginase* ist überwiegend im Cytoplasma der Leber lokalisiert. Sie ist sehr substratspezifisch und wird durch Mg^{++}, Ca^{++} und Mn^{++} aktiviert.

4.2.3.5.2. Metabolische Beziehungen des Ornithin-Cyclus

Die Beziehungen des Ornithincyclus zum Aminosäurestoffwechsel wurden einleitend bereits erwähnt (S. 164). Glutaminsäure ist in mehrfacher Hinsicht für die Harnstoffsynthese von Bedeutung. Sie liefert nicht nur Asparaginsäure und Ammoniak, sondern nimmt teil sowohl an der Ornithinsynthese als auch an der Citrullinsynthese, indem sie als N-acetyliertes Derivat Cofaktor der Carbamylphosphatbildung ist.

Der Harnstoff-N stammt zur einen Hälfte aus freiem Ammoniak, zur anderen aus Transaminierungen über α-Ketoglutarat und Oxalacetat. Das aus der Spaltung des Succinylarginins hervorgehende Fumarat wird im Citratcyclus zu Oxalacetat umgewandelt, das seinerseits wieder durch Transaminierung Aspartat für die Kondensation mit Citrullin zu Succinylarginin liefert. Von besonderer Bedeutung ist dabei die Glutamat-Oxalacetat-Transaminase, die nicht nur das Aspartat regeneriert, sondern auch genügend α-Ketoglutarat für Aminotransferase-Reaktionen mit solchen Aminosäuren bereitstellt, deren Aminostickstoff in den Ornithincyclus eingeschleust werden soll.

Die Beziehungen des Ornithincyclus zum *Citratcyclus* sind also offensichtlich. Beide sind in den *Mitochondrien* lokalisiert. Die Endoxydation der Metabolite über den Citratcyclus und die Atmungskette liefert CO_2 und ATP, die beide für die Harnstoffsynthese nötig sind. Der relativ stark endergonische Reaktionsverlauf bei Säugetieren ist die Ursache der Irreversibilität dieser Synthese und garantiert eine wirksame Entgiftung des Ammoniaks.

In Bakterien verbraucht die Harnstoffsynthese nur 2 Mol ATP, da die Bildung des Carbamylphosphats reversibel durch ein anderes Enzym, die Carbamatkinase, katalysiert wird. Dies ermöglicht die Rückgewinnung von ATP durch nichtoxydative Substratphosphorylierung:

$$\text{Citrullin} + Ⓟ \rightleftharpoons \text{Ornithin} + \text{Carbamyl-}Ⓟ$$

$$\text{Carbamyl-}Ⓟ + \text{ADP} \rightleftharpoons \text{ATP} + NH_3 + CO_2$$

Bestimmte Fische, Amphibien und Süßwassermuscheln scheiden auch Harnstoff aus, der aber durch ein uricolytisches Enzymsystem aus Harnsäure entsteht:

$$\text{Harnsäure} \xrightarrow{\text{Uricase}} \text{Allantoin} \xrightarrow{\text{Allantoinase}} \text{Allantoinsäure}$$

$$\text{Allantoinsäure} \xrightarrow{\text{Allantoicase}} \text{Acetaldehyd} + 2\ \text{Harnstoff}$$

Krebse und Meermuscheln verfügen außerdem über Urease, so daß die Uricolyse bis zum Ammoniak verläuft.

Über die Bedeutung des Carbamylphosphats für die Pyrimidinsynthese s. S. 214 f. Zur Kreatinsynthese wird die Amidingruppe des Arginin verwendet (s. S. 190 ff).

4.2.4. Schicksal des Kohlenstoffskeletts der Aminosäuren

Aus den Aminosäuren entstehen nach Abtrennung der Aminogruppe durch Transaminierung und Desaminierung Mono- und Dicarbonsäuren, die Bestandteile der labilen Mischphase sind und als solche entweder dem oxydativen Abbau zu CO_2 und H_2O unterliegen oder für Biosynthesen Verwendung finden. Einen Überblick über die Endoxydation der Aminosäuren gibt das Schema auf Seite 170.

Wie Experimente an diabetischen und fastenden Tieren zeigen, führt die Verfütterung bestimmter Aminosäuren zu Gluconeogenese und Vermehrung des Leberglykogens, während andere Aminosäuren Ketonaemie und Ketonurie hervorrufen oder diese verstärken. Auf Grund dieser Beobachtungen sind die Aminosäuren in *glucoplastische* und *ketoplastische* eingeteilt worden.

Glucoplastisch sind: Glycin, Alanin, Serin, Threonin, Valin, Glutaminsäure, Asparaginsäure, Histidin, Arginin, Prolin (Cystin). Ketoplastisch sind: Leucin, Phenylalanin und Tyrosin. Schwach gluco- und ketoplastisch wirken Isoleucin und Hydroxyprolin.

Typische glucoplastische Aminosäuren sind Alanin, Asparaginsäure und Glutaminsäure. Sie liefern Brenztraubensäure, Oxalessigsäure und α-Ketoglutarsäure, aus denen über Oxalessigsäure und Phosphoenolbrenztraubensäure Glucose und Glykogen aufgebaut werden können. Dabei stammen von einer Aminosäure immer drei C-Atome der Glucose (Gluconeogenese s. Teil IV).

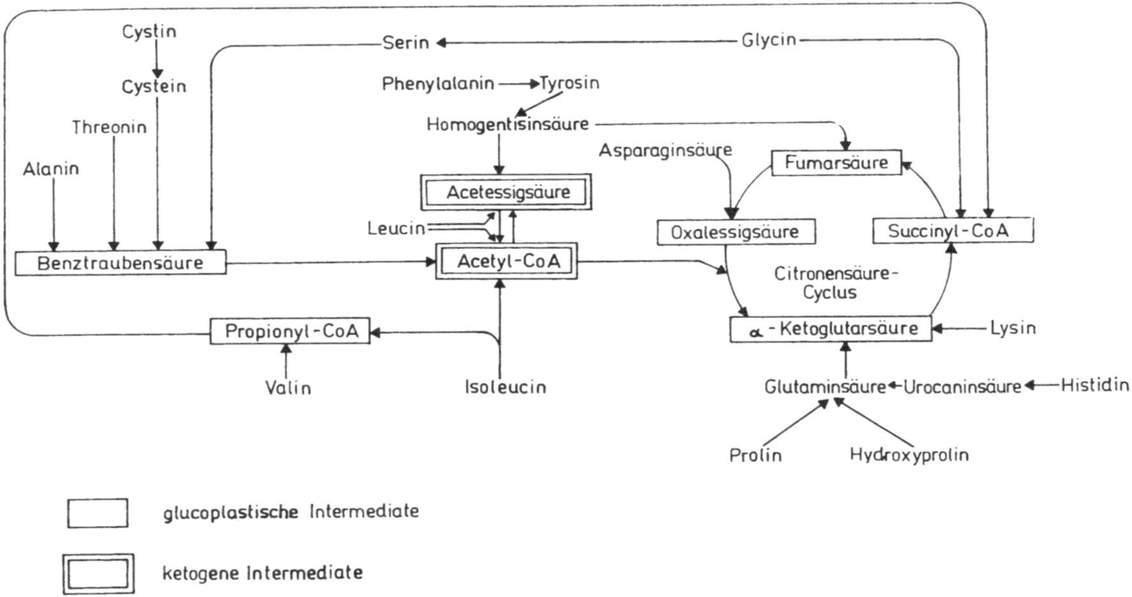

Cystin
Cystein
Threonin
Alanin
Serin
Glycin
Phenylalanin
Tyrosin
Homogentisinsäure
Asparaginsäure
Fumarsäure
Acetessigsäure
Leucin
Oxalessigsäure
Succinyl-CoA
Benztraubensäure
Acetyl-CoA
Citronensäure-
Cyclus
Propionyl-CoA
α-Ketoglutarsäure
Lysin
Valin
Isoleucin
Glutaminsäure
Urocaninsäure
Histidin
Prolin
Hydroxyprolin
glucoplastische Intermediate
ketogene Intermediate

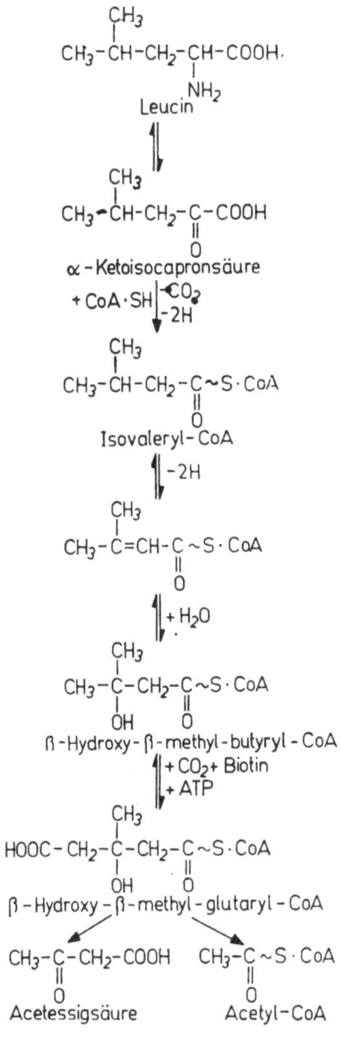
Leucin
α-Ketoisocapronsäure
+ CoA·SH
−CO₂
−2H
Isovaleryl-CoA
−2H
+ H₂O
β-Hydroxy-β-methyl-butyryl-CoA
+ CO₂ + Biotin
+ ATP
β-Hydroxy-β-methyl-glutaryl-CoA
Acetessigsäure
Acetyl-CoA

Eine typische ketoplastische Aminosäure ist Leucin, an deren Abbau mehrere Enzymsysteme teilnehmen:

a) Transaminase,
b) α-Ketoacyl-aktivierende Enzyme (Thioferasen),
c) der Enzymkomplex der oxydativen Decarboxylierung,
d) die Enzyme der β-Oxydation,
e) CO_2-aktivierende Enzyme vom Biotin-Typ,
f) das β-Hydroxy-β-methyl-glutaryl-CoA-spaltende Enzym des Ketonkörperstoffwechsel (Abb. auf S. 80).

Nach Transaminierung von Leucin wird ihre analoge α-Ketosäure unter ATP-Verbrauch aktiviert und dann oxydativ decarboxyliert. Die so um ein C-Atom ärmere verzweigte Acyl-CoA-Verbindung unterliegt dem oxydativen Abbau wie die gewöhnlichen Fettsäuren. An der Carboxylierung des β-Hydroxy-β-methyl-butyryl-CoA ist das *Biotinenzym* beteiligt (s. Band II, S. 80).

Das Produkt dieser Reaktionen, β-Hydroxy-β-methyl-glutaryl-CoA (HMG-CoA), ist als Intermediat des sogenannten HMG-CoA-Cyclus sowohl Vorstufe der Isoprenoide als auch der Ketonkörper. Unter den Bedingungen einer gesteigerten Ketogenese liefert Leucin also $1^1/_2$ Ketonkörper. Einen ähnlichen Abbauweg wie Leucin nehmen Valin und Isoleucin.

Aus Isoleucin entstehen Acetyl-CoA als ketoplastisches Produkt und Propionyl-CoA, das zum glucoplastischen Succinyl-CoA carboxyliert wird. Der Valin-Abbau liefert nur Succinyl-CoA.

4.2.5. Primäre Decarboxylierung von Aminosäuren

Aus Bakterienkulturen wurden Cadaverin, Putrescin, Tyramin und γ-Aminobuttersäure isoliert, die sich als Decarboxylierungsprodukte von Lysin, Ornithin, Tyrosin und Glutaminsäure erwiesen. Die Decarboxylierung erfolgt nach der allgemeinen Gleichung:

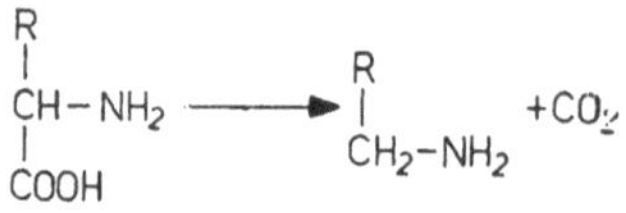

Neben CO_2 entsteht ein primäres Amin. Obwohl die primäre Decarboxylierung in tierischen Geweben einen Nebenweg darstellt, haben doch viele Amine pharmakologische Wirkungen und sind Vorstufen von Hormonen oder Bausteine von Cofermenten. Nach GUGGENHEIM nennt man sie „biogene Amine“. Im Bakterienreich sind sie weit verbreitet. Die im Darm entstehenden Amine hat man auch Aporrhegmen genannt. Einige Amine sind in Tabelle 5 aufgeführt.

Tabelle 5:
Einige biogene Amine

Aminosäure	Decarboxylierungsprodukt
Cystein	Cysteamin
Cysteinsäure	Taurin
Histidin	Histamin
Lysin	Cadaverin
Ornithin	Putrescin
Dihydroxyphenylalanin (DOPA)	Dihydrophenyläthylamin
Serin	Äthanolamin
Tryptophan	5-Hydroxytryptamin (Serotonin)
Tyrosin	Tyramin

Die Decarboxylierung wird enzymatisch katalysiert. In den letzten Jahren konnten eine Reihe von *Aminosäuredecarboxylasen* gereinigt werden. Sie sind von relativ strenger Substratspezifität — eine Eigenschaft, die man sich für die Bestimmung einzelner Aminosäuren zunutze gemacht hat. Coenzym der Aminosäuredecarboxylasen ist das Pyridoxalphosphat.

Der Abbau der primären Amine vollzieht sich unter oxydativer Desaminierung zu Aldehyden, die zu Säuren weiter oxydiert werden:

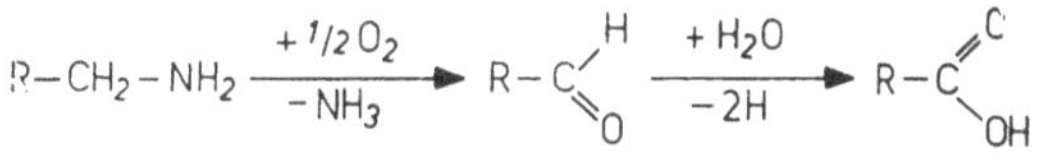

Nach Anzahl der Aminogruppen in den Aminen, die angegriffen werden, unterscheidet man Monoamino- und Diaminooxydasen. Ihr Wirkungsmechanismus entspricht dem der Aminosäureoxydase. Coenzym der Diaminooxydasen ist das Pyridoxalphosphat. Sie bauen Verbindungen wie Cadaverin, Putrescin, Agmatin und Histamin ab.

Die Aminooxydasen sind ebenso weit verbreitet wie die Aminosäuredecarboxylasen. Bei Mensch und Tier besitzen Aminooxydasen in Leber, Darm, Niere und Plazenta hohe Aktivitäten und erfüllen hier eine wichtige Entgiftungsfunktion. Darüber hinaus sind sie durch Aufrechterhaltung der intracellulären Konzentration und von Konzentrationsgradienten bestimmter biogener Amine an Prozessen der Neurotransmission beteiligt. Inhibitoren dieser Enzyme werden in der Therapie verschiedener neurologischer, psychiatrischer und allergischer Erkrankungen angewandt.

4.3. Spezieller Stoffwechsel einiger Aminosäuren

4.3.1. Serin und Glycin

Serin und Glycin sind im Stoffwechsel sehr eng miteinander verbunden. Sie können ineinander umgewandelt werden. Das die Reaktion katalysierende Enzym, die Serinhydroxymethyl-Transferase, wurde in Säugetieren und Mikroorganismen nachgewiesen. Es ist anzunehmen, daß im Säugetierorganismus Serin auch in gewissem Umfang aus dem Glykokoll entstehen kann. Serin kann aber auch über verschiedene Zwischenstufen aus Glucose gebildet werden (s. folgendes Schema):

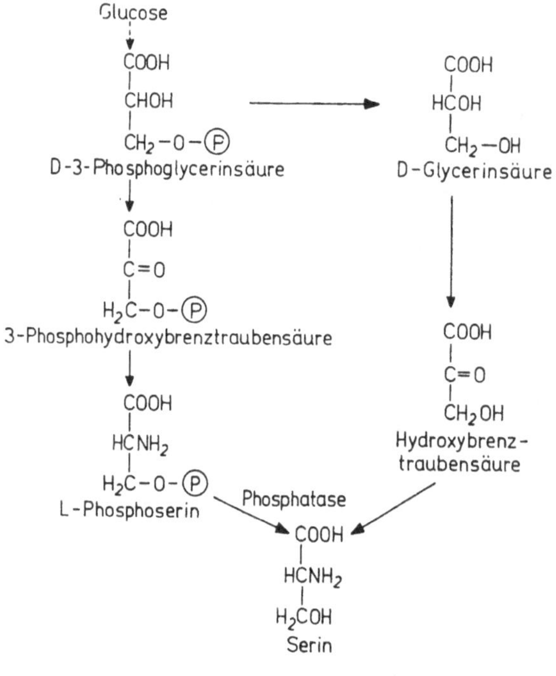

Unmittelbare Vorläufer des Serins sind dabei Hydroxybrenztraubensäure (die aus D-Glycerinsäure entsteht) oder Phosphoserin (das aus der 3-Phosphoglycerinsäure entsteht).

Als Abbauwege bzw. Verwertungsmöglichkeiten des Glycins gelten: 1. Der Succinat-Glycin-Cyclus, 2. die Kopplung mit Gallensäuren (S. 95), 3. die Kreatinsynthese (S. 190), 4. die Purinsynthese, 5. der Abbau über Glyoxylsäure als Zwischenprodukt. Letzterer Weg führt entweder zum Oxalat oder unter Mitwirkung von Tetrahydrofolsäure zu einem C-1-Bruchstück und CO_2.

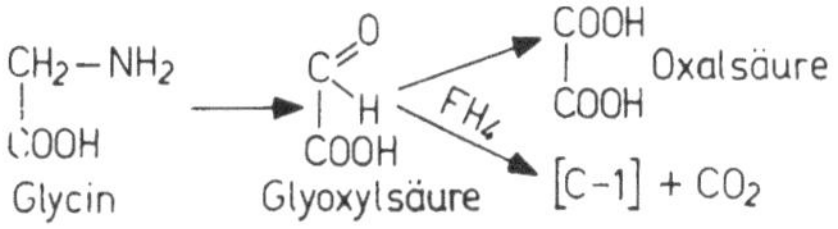

Im Succinat-Glycin-Cyclus (häufig auch als SHEMIN- oder nur als Glycin-Cyclus bezeichnet) wird über eine Reihe von Zwischenstoffen Glycin zu CO_2 und NH_3 abgebaut. Ein wichtiges Zwischenprodukt ist die δ-Aminolävulinsäure. Von dieser geht der Weg über Porphobilinogen und Uroporphyrinogen zum Protoporphyrin. (Siehe S. 109).

4.3.2. *Stoffwechsel der Einkohlenstoffverbindungen*

Unter dieser Gruppe von Substanzen faßt man die *Methyl*-(CH_3)-, *Hydroxymethyl*-(CH_2OH-) und die *Formylgruppe* $\left(-C{\begin{smallmatrix}\diagup O\\ \diagdown H\end{smallmatrix}}\right)$ zusammen, die im Stoffwechsel eine wichtige Rolle spielen.

Eine gewisse *Sonderstellung* nimmt das *Kohlendioxyd* im biologischen Geschehen ein (Teil II, S. 168). Die wichtigste Gruppe der C-1-Körper ist die Methylgruppe. Sie kann aus anderen C-1-Körpern entstehen oder in sie übergehen. Als Methylüberträger hat das Methionin, eine schwefelhaltige Aminosäure, eine zentrale Stellung inne.

Für die Übertragung der C-1-Körper und ihre gegenseitige Umwandlung sind Coenzyme unentbehrlich. Es sind dies die Folsäure und ihre verschiedenartigen Derivate, die besonders aus ihrer Erforschung als Wuchsstoffe bei Mikroorganismen und der Untersuchung der Blutbildung und ihren Störungen bei höheren Tieren bekannt wurden. So treten beispielsweise bei Folsäuremangel Störungen in der Erythrocyten-, Leucocyten- und Thrombocytenneubildung ein, die sich vor allem im Auftreten von makrocytärer Anämie, Leucopenie und Thrombicytopenie bemerkbar machen.

4.3.2.1. Folsäure und ihre Derivate

Die Folsäure besteht aus drei Bestandteilen, dem *Pteridin* (bicyclisches System), der *p-Aminobenzoesäure* und der *Glutaminsäure.*

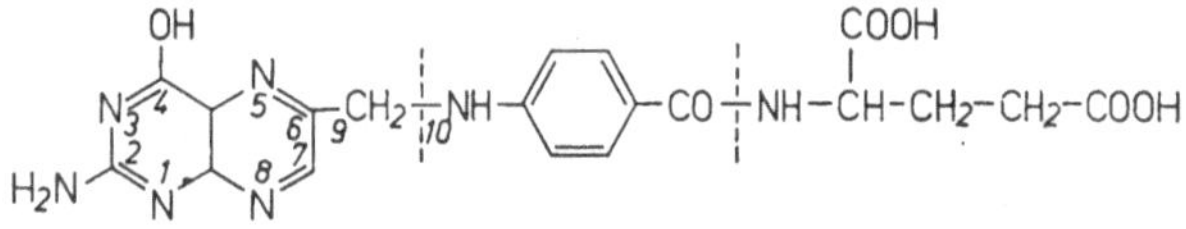

Die Verbindung zwischen dem Pteridin und der p-Aminobenzoesäure wird als Pteroinsäure bezeichnet. Die Folsäure ist demnach eine Pteroylglutaminsäure. Von diesem Grundskelett leiten sich die verschiedenen Folsäurederivate ab, die sich in der Natur der Substituenten sowie der Orte ihrer Anlagerung und in der Anzahl der Glutaminsäurereste voneinander unterscheiden.

Biosynthese der Folsäure und ihrer Derivate. Wachstumsexperimente sowie Versuche zur Steigerung des Folsäuregehaltes durch verschiedene mögliche Vorläufer dieser Substanzen an Mikroorganismen ergaben Anhaltspunkte für die Synthesewege der Folsäure und ihrer Derivate. Die Bildung der Glutaminsäure erfolgt mittels reduktiver Aminierung aus α-Ketoglutarsäure (s. S. 149 ff) p-Aminobenzoesäure wird vermutlich unter Ringschluß aus Glucose gebildet. Als Zwischenprodukt der p-Aminobenzoesäure-Synthese fungiert die Shikimisäure, die auch die biologische Vorstufe von Tyrosin und Phenylalanin ist (S. 192).

Die p-Aminobenzoesäure ist ein Zwischenprodukt der Folsäuresynthese, was daraus hervorgeht, daßihre Antagonisten, die Sulfonamide, die Synthese der Folsäure kompetitiv hemmen. Auch wird carboxylmarkierte p-Aminobenzoesäure durch wachsende Kulturen von *E. coli* und *L. arabinosus* in Folsäure eingebaut. Pteroinsäure scheint kein normales Zwischenprodukt der Folsäuresynthese zu sein, sie wirkt wachstumshemmend und verhält sich inaktiv bei der Synthese von Folsäure in verschiedenen Bakterienarten. Dagegen muß die Stufe der p-Aminobenzoylglutaminsäure bei der Synthese des gesamten Moleküls durchlaufen werden. Dies kann man daraus schließen, daß diese Substanz in der Lage ist, die Hemmung des Wachstums von Mycobakterien durch Sulfonamide aufzuheben. An der Bildung der p-Aminobenzoylglutaminsäure sind ATP und Coenzym A beteiligt. Diese Reaktionen sind in zellfreien Extrakten von Mycobakterien nachgewiesen worden.

Die Synthese des gesamten Moleküls der Folsäure wurde in Mycobakterien aus 2-Amino-4-hydroxypteridin-6-carb-

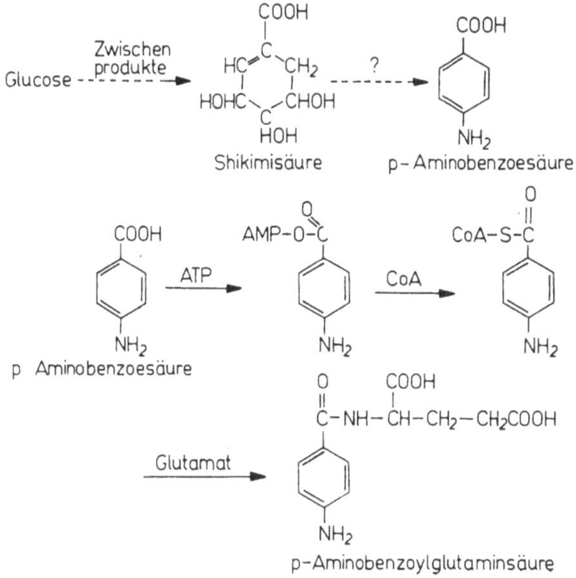

oxylsäure und p-Aminobenzoylglutaminsäure in Gegenwart von ATP beobachtet. Über die Synthese des Pteridinringes ist relativ wenig bekannt. Obwohl sie chemisch aus Pyrimidinderivaten und 3-Kohlenstoffkörpern durchführbar ist, findet man bei Mikroorganismen keinen Einbau von markiertem Pyrimidin in Folsäure. Die Synthese des Pteridins aus Purinen wurde vermutet, da markiertes Guanin in die Pteridine der Haut von Xenopus-Larven eingebaut wird. Jedoch sind bisher keine Hinweise für die allgemeine Verbreitung dieser Reaktionen gefunden worden.

Reaktionen am Folsäure-Molekül. Die *Folsäure* (Pteroylglutaminsäure) wird durch *reduktive* Prozesse in die *aktive* Form des Coenzyms, die *Tetrahydrofolsäure*, übergeführt. Dieser Prozeß ist zweistufig, das faßbare Zwischenprodukt ist die *Dihydrofolsäure*. Aus Clostridium sticklandii ist ein Enzymsystem isoliert worden, das aus Folsäure und einem Elektronen-Donator (Pyruvat) die Dihydrofolsäure bildet. Der unmittelbare Wasserstoffdonator ist $NADPH_2$. Die sich daran anschließende Reduktion der Dihydrofolsäure zur Tetrahydrofolsäure kann sowohl mit $NADPH_2$ als auch mit $NADH_2$ erfolgen. Versuche zeigen, daß die *Dihydrofolsäure-Reduktase* unterhalb pH 5,5 mit $NADH_2$ und oberhalb pH 5,5 mit $NADPH_2$ reagiert. Derartige Enzyme sind aus Schaf- und Hühnerleber in gereinigter Form dargestellt worden.

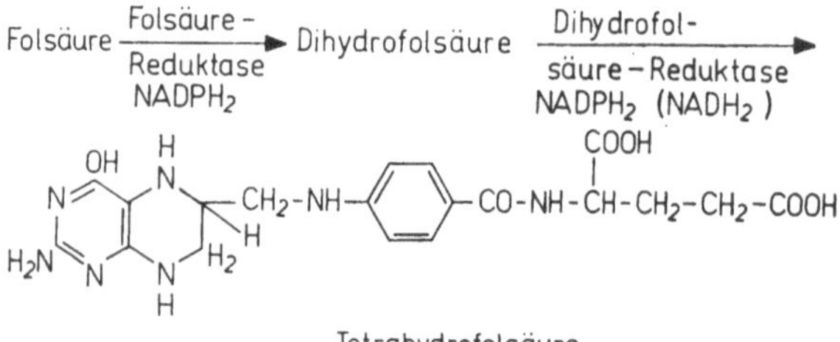

Tetrahydrofolsäure

Es gibt Hinweise darauf, daß das Zwischenprodukt bei der Tetrahydrofolsäuresynthese, die Dihydrofolsäure, den Wasserstoff in 7- und 8-Stellung addiert hat. Die Tetrahydrofolsäure-Dehydrogenase überträgt demnach den Wasserstoff der reduzierten Pyridinnucleotide auf die Dihydrofolsäure in 5,6-Stellung.

Das Gleichgewicht der Reaktion Folsäure-Tetrahydrofolsäure liegt auf der Seite der Tetrahydrofolsäure.

4.3.2.2. Tetrahydrofolsäure und die Übertragung von C-1-Körpern

Tetrahydrofolsäure stellt die *aktive Form* der Folsäure bei der Übertragung von C-1-Verbindungen dar. Ihre Verbindungen mit verschiedenen C-1-Verbindungen repräsentieren die „aktivierten" Formen dieser Substanzen. Als Tetrahydrofolsäureverbindungen können die C-1-Körper ineinander umgewandelt und auf Acceptoren zur Synthese verschiedener Substanzen übertragen werden. So ist die Beteiligung der Tetrahydrofolsäure an der Umwandlung von Serin in Glykokoll, an der Bildung der Methylgruppe aus anderen C-1-Körpern, an der Synthese des Methionins und am Auf- und Abbau des Histidins erwiesen.

Serin kann unter Freisetzung eines Einkohlenstoffkörpers in Glykokoll umgewandelt werden. Cosubstrat dieser Reaktion ist Tetrahydrofolsäure, Coenzym ist Pyridoxalphoshpat, außerdem sind Mn^{++}-Ionen beteiligt. Diese Reaktion wird durch die Serinhydroxymethyl-Transferase katalysiert.

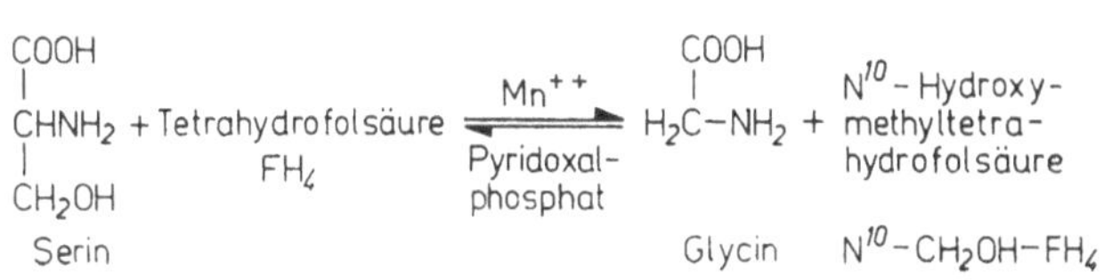

Die gebildete N-10-Hydroxymethyltetrahydrofolsäure kann mittels einer $NADP^+$-abhängigen Dehydrogenase in N-10-Formyltetrahydrofolsäure umgewandelt werden. Durch eine Hydrolase wird die Formylgruppe als Ameisensäure abgespalten und freie Tetrahydrofolsäure zurückgebildet. Auch freier Formaldehyd vermag unter Mitwirkung eines Enzyms und $NADP^+$ als Wasserstoffacceptor in N-10-Formyltetrahydrofolsäure übergeführt und auf diese Weise zur Serin-Synthese benutzt oder durch die beschriebene Hydrolase zur Ameisensäure umgewandelt werden. Dieses Enzym scheint eine Ventil-

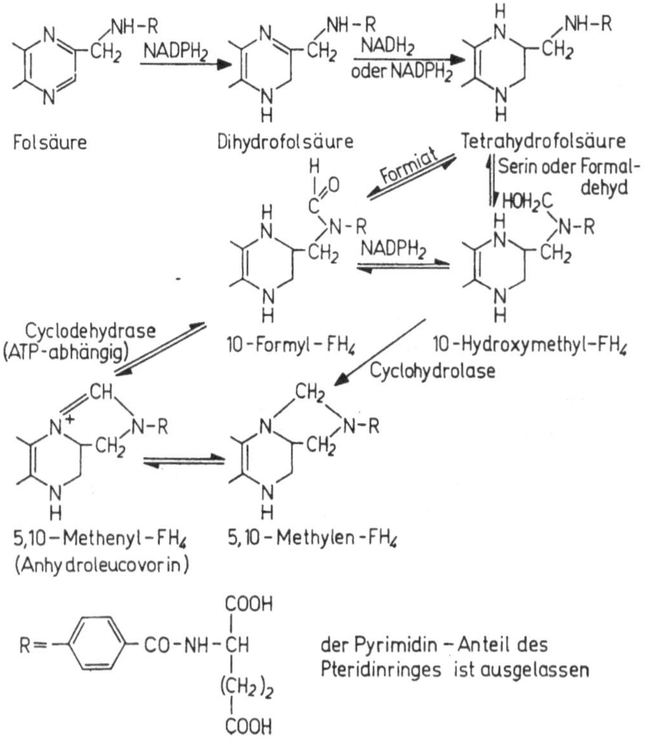

funktion insofern innezuhaben, als daß es bei Mangel an einem C-1-Acceptor-System freie FH_4 zurückbildet. Neben dieser Folsäure-abhängigen Oxydation des Formaldehyds gibt es in der Leber von Säugetieren eine zweite Form der Ameisensäurebildung aus Formaldehyd, die unabhängig von der Folsäure ist und neben einem spezifischen Enzym NAD^+ und Glutathion als Coenzyme braucht:

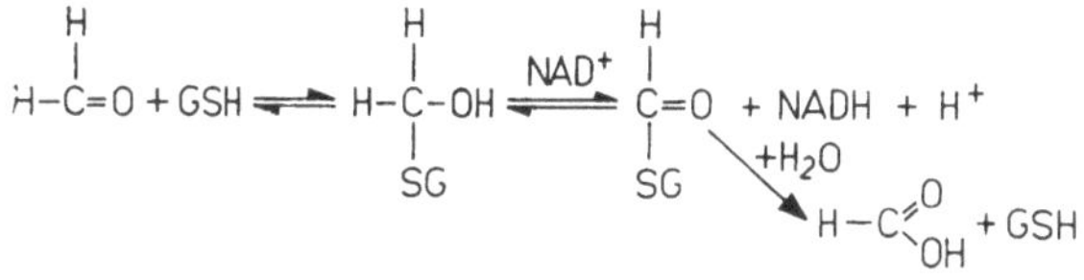

Acetaldehyd wird durch dieses Enzym nicht oxydiert. Die Aktivierung der Ameisensäure (Micrococcus aerogenes) ist ein ATP-abhängiger Prozeß, der unter Beteiligung von FH_4 erfolgt:

$$\text{Formiat} + \text{ATP} + \text{FH}_4 \rightleftharpoons \text{N-10-Formyl-FH}_4 + \text{ADP} + \text{Ⓟ}$$

Als Zwischenprodukt wird eine phosphorylierte FH_4 angenommen, deren Struktur bisher unbekannt ist. Dieses Enzym wurde auch aus Taubenleber in gereinigter Form gewonnen.

Es hat sich herausgestellt, daß die *Methylgruppen* des *Cholins* und des *Methionins* im tierischen Organismus aus Formiat, Formaldehyd und anderen Ein-Kohlenstoffquellen, wie z. B. Serin, gebildet werden können. Bei der Umwandlung von Formaldehyd in die Methylgruppe des Methionins sind ATP und Tetrahydrofolsäure beteiligt. Auch *Vitamin* B_{12} scheint an dieser Reaktion mitzuwirken. Es ist wahrscheinlich, daß S-Adenosylmethionin ein Zwischenprodukt in der Reaktionsfolge darstellt und daß Homocystein der Acceptor der C-1-Verbindung ist (S. 188).

Auch die Methylgruppe des Thymins stammt vorwiegend aus dem Formaldehyd und aus dem β-C-Atom des Serins, Methionin scheint keine Rolle bei der Synthese des Thymins aus dem Uracil zu spielen. Unter Mitwirkung von Tetrahydrofolsäure wird Formaldehyd aktiviert, es entsteht 10-Hydroxymethyl-FH_4. Danach bildet sich mittels der Cyclohydrolase als Produkt 5,10-Methylen-FH_4. Dieses reagiert mit Desoxyuridylsäure unter Bildung von Thymidylsäure. Diese Reaktion ist unabhängig von ATP. Das andere Produkt ist Dihydrofolsäure:

$$\text{5,10-Methylen-FH}_4 + \text{Desoxyuridylsäure} \rightarrow \text{FH}_4 + \text{Thymidylsäure}$$

Vitamin B_{12} scheint eine Bedeutung in dieser Reaktionskette zu haben. Vitamin B_{12}-Mangel bei Küken bewirkt nämlich in den Knochenmarkzellen eine Verringerung der Umwandlung von radioaktivem Formiat in die Methylgruppe des Thymins. Auch bei Lactobacillus leishmannii konnte die Beteiligung dieses Vitamins an dem Prozeß nachgewiesen werden. Das *Vitamin B_{12}* spielt auch eine Rolle bei der Umwandlung von Methylmalonyl-CoA zum

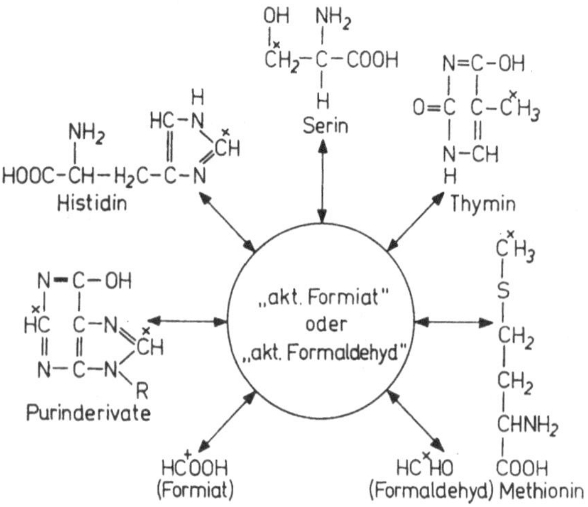

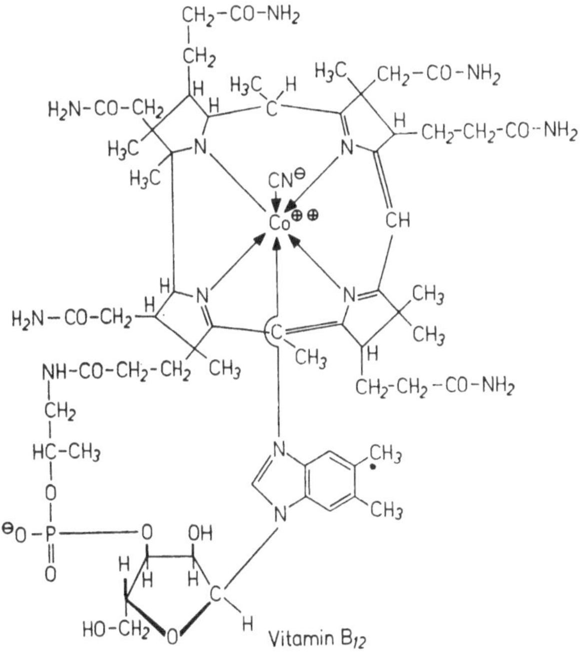

Vitamin B_{12}

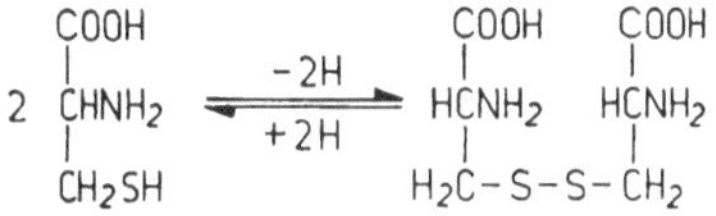

Cystein Cystin

Serin Cystein

Succinyl-CoA. Diese Reaktion ist am Abbau ungeradzahliger Fettsäuren beteiligt. Als Zwischenprodukt entsteht dabei Propionsäure, die durch ein Biotinenzym unter Einbau von CO_2 in die Methylmalonsäure übergeführt wird. Vitamin B_{12} ist ein *kobalthaltiges Porphyrinderivat* (Cobalamin). Die vier Pyrrolringe sind nur über drei Methinbrücken verknüpft. Zwei von ihnen sind durch Methylgruppen substituiert. Auch sind die Pyrrolringe zum Teil hydriert und ebenfalls substituiert. Das Cobalamin ist weiterhin ein Ribosenucleotid mit Dimethylbenzimidazol oder Adenin als Basen. Das *Kobalt* ist koordinativ gebunden. Als Anionen können CN^- (Cyanocobalamin), Cl^- (Chlorocobalamin) und NO_2^- (Nitritocobalamin) fungieren.

4.3.3. Cystein und Cystin

Diese beiden Aminosäuren können leicht ineinander umgewandelt werden. Die enzymatische Synthese des Cysteins wurde an Hefeextrakten studiert. Sie erfolgt aus dem Serin unter Verbracuh von H_2S und ATP.

Die Katalyse vollzieht die Serinsulfhydrase. Sie benötigt Pyridoxalphosphat als Coenzym. Der Abbau des Cysteins erfolgt auf verschiedenen Wegen. Die SH-Gruppe wird dabei oxydativ zum Sulfatrest umgewandelt.

Das Schema zeigt, daß die SH-Gruppe des Cysteins entweder zunächst am Aminosäuremolekül verbleibt und dabei über die Cysteinsulfinsäure zur Cysteinsäure oxydiert wird, die unter Decarboxylierung in Taurin übergeht, oder aber als H_2S abgespalten wird. Dieses wird dann zum Sulfat oxydiert und ausgeschieden (in freier oder gebundener Form) oder aber zu Synthesen verwendet.

Anorganisches Sulfat kann in verschiedenen Organismen in einer zweistufigen Reaktion zum „*aktiven Sulfat*“ umgewandelt werden. Hierzu sind zwei Moleküle ATP nötig.

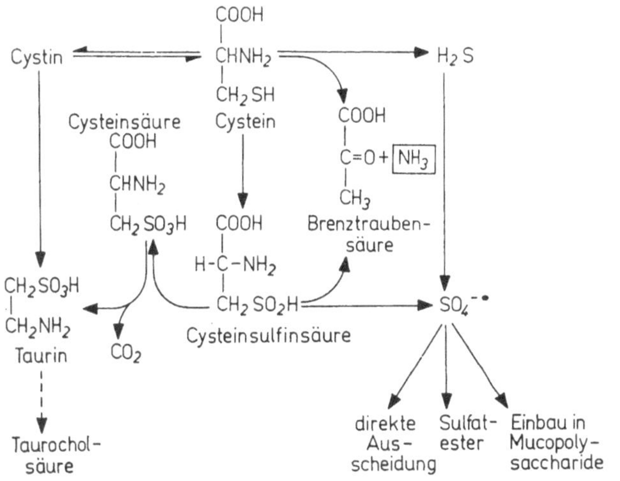

Das „aktive Sulfat" spielt eine allgemeine Rolle bei der *Übertragung* von Sulfatresten, also z. B. bei der Synthese von sauren, sulfathaltigen Mucopolysacchariden, beim Aufbau der Sulfatester von Steroiden, der Indoxylschwefelsäure u. a. körpereigener und -fremder Substanzen. In Mikroorganismen erfolgt die Sulfatassimilation auf reduktivem Wege. Neben Sulfit werden dabei die Stufen Thiosulfat oder Sulfid durchlaufen.

$$SO_4^{-} \rightarrow SO_3^{-} \rightarrow S^{-}$$

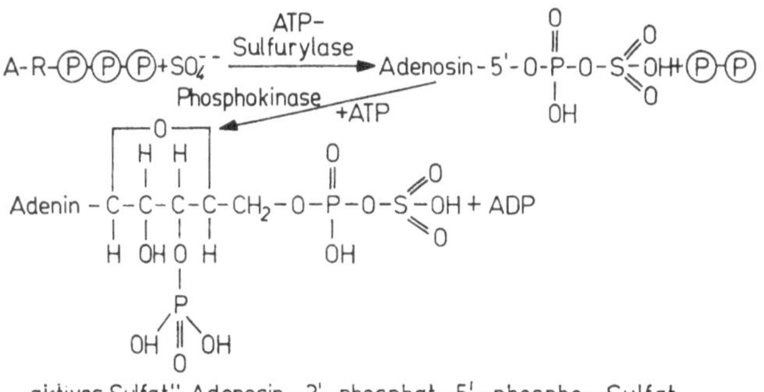

„aktives Sulfat": Adenosin-3'-phosphat-5'-phospho-Sulfat

4.3.4. Methionin

Methionin spielt eine wichtige Rolle im Zwischenstoffwechsel. Es trägt eine „labile Methylgruppe“, die auf andere Stoffe, sogenannte *Methylgruppenacceptoren*, „als Ganzes“ übertragen werden kann. Diese *Methylgruppenübertragung* findet bei der Synthese von *Cholin*, *Adrenalin*, *Kreatin* und anderen Stoffen statt.

Im Verlauf dieser Gruppenübertragung entsteht aus dem Methionin zunächst das „aktive Methionin“ (auch „aktives Methyl“ genannt). Dies stellt das *S-Adenosylmethionin* dar, welches aus Methionin und ATP gebildet wird.

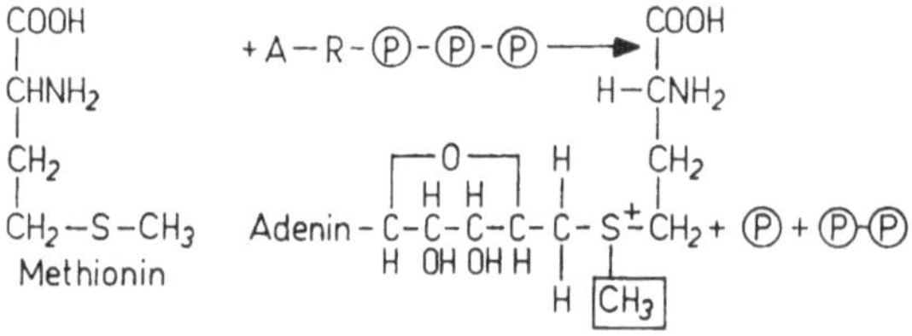

Bei Abgabe der CH_3-Gruppe zerfällt das aktive Methionin in Adenosin und Homocystein. Auch kann Methionin aus Homocystein unter Methylaufnahme entstehen. In Extrakten aus *E. coli* konnte die Synthese von Methionin aus Homocystein bei Anwesenheit von Hydroxymethyltetrahydrofolsäure, $NADH_2$, ATP und Biotin beobachtet werden.

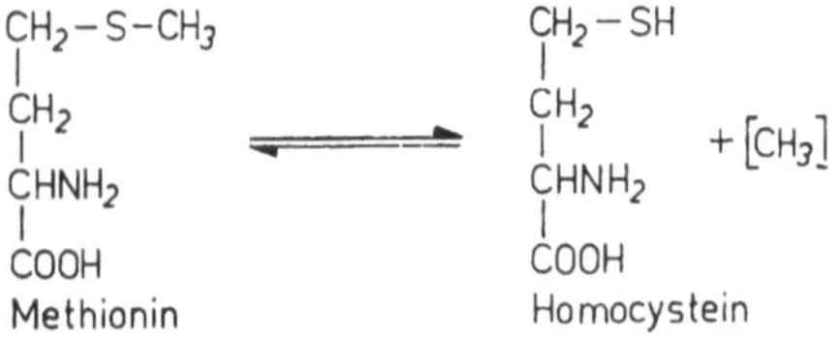

Homocystein kann auf folgende Weise in Cystein umgewandelt werden:

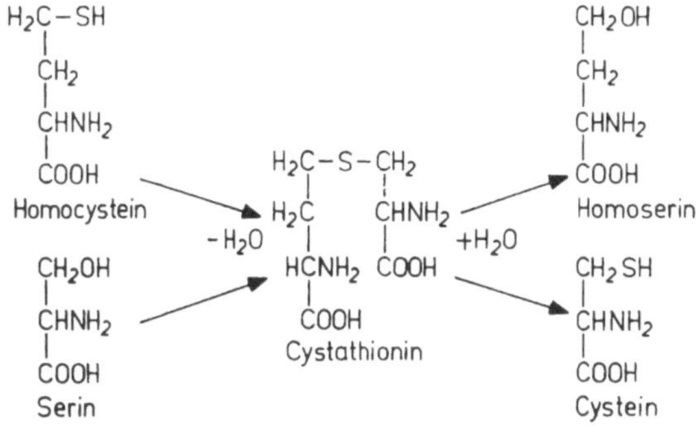

4.3.5. *Synthese von Cholin*

Cholin, ein Bestandteil des Lecithins, entsteht durch stufenweise dreifache Methylierung aus Colamin. Aus dem Cholin kann weiterhin, katalysiert durch das mitochondrial vorkommende Enzymsystem Cholinoxydase, oxydativ Betain entstehen. Methylgruppendonator ist das Methionin, welches über das „aktive Methionin" wirkt.

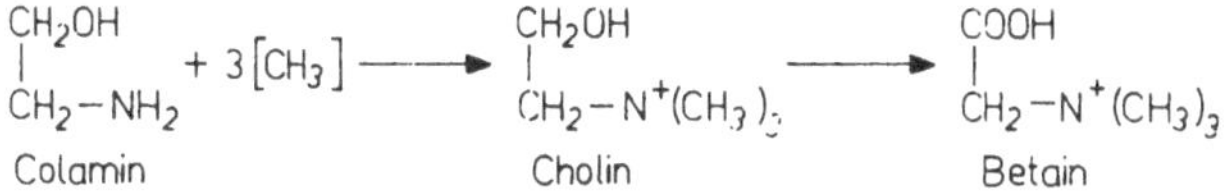

Über die weitere Verwertung des Cholins bei der Synthese der Phosphatide siehe S. 86.

4.3.6. Synthese von Kreatin

Die Synthese des Arginins wurde auf S. 166ff. dieses Bandes dargestellt. Vom Arginin kann die

Amidinogruppe $-\mathrm{C}\genfrac{}{}{0pt}{}{\diagup \mathrm{NH_2}}{\diagdown\!\!\diagdown \mathrm{NH}}$ auf Glycin übertragen werden.

Dabei bildet sich *Guanidinoessigsäure.* Diese Reaktion wird durch das Enzym *Arginin-Glycin-Transamidinase* katalysiert. Die Bildung der Guanidinoessigsäure vollzieht sich vorwiegend in der Niere, nicht aber in der Leber. Die Guanidinoessigsäure wird in Leber und Niere methyliert, dabei wird *Kreatin* (Methylguanidinoessigsäure) gebildet.

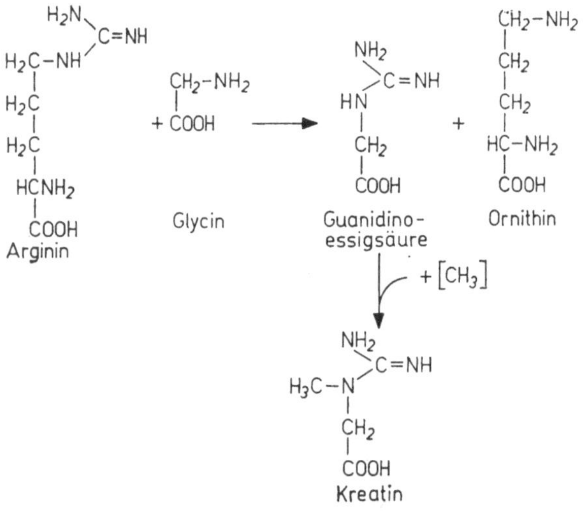

Kreatin kann durch ATP zum Kreationphosphat phosphoryliert werden (Bd. II). Dies kommt vor allem im Muskel, aber auch in anderen Zellen und Geweben vor.

Kreatin kann im Muskel zu *Kreatinin* dehydratisiert und in dieser Form im Harn ausgeschieden werden.

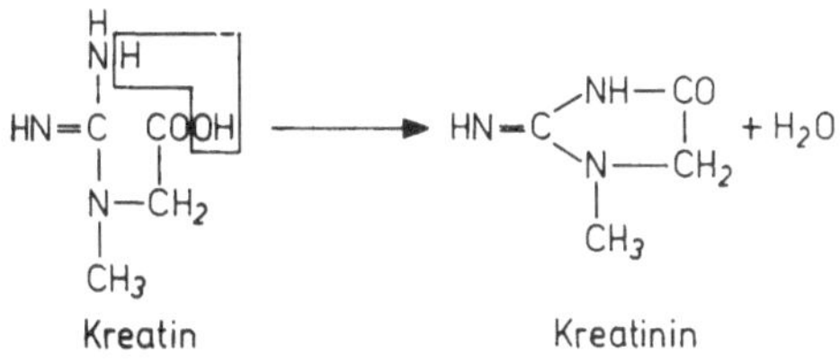

4.3.7. Threonin

Die Biosynthese des Threonins (*E. coli*, Neurospora) erfolgt aus der Asparaginsäure unter Zwischenschaltung von β-Aspartylphosphat, Aspartyl-β-semialdehyd und Homoserin.

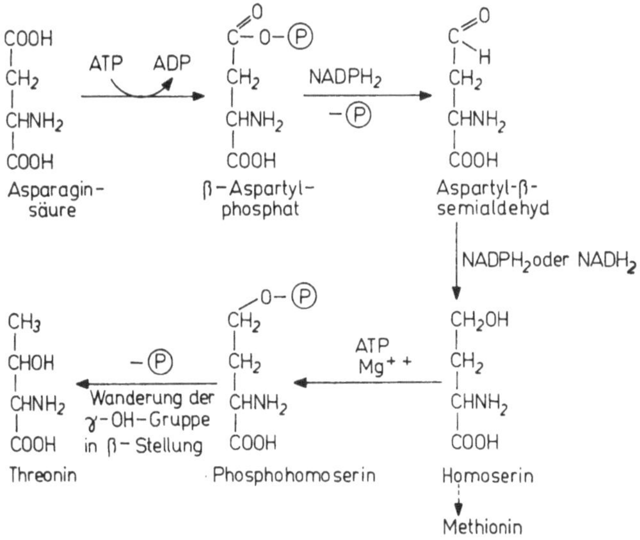

Im Säugerorganismus kann Threonin nicht synthetisiert werden. Die Teilnahme des Threonins an Transaminierungen ist im höheren Tier extrem niedrig. Der Abbau erfolgt durch die Threoninaldolase.

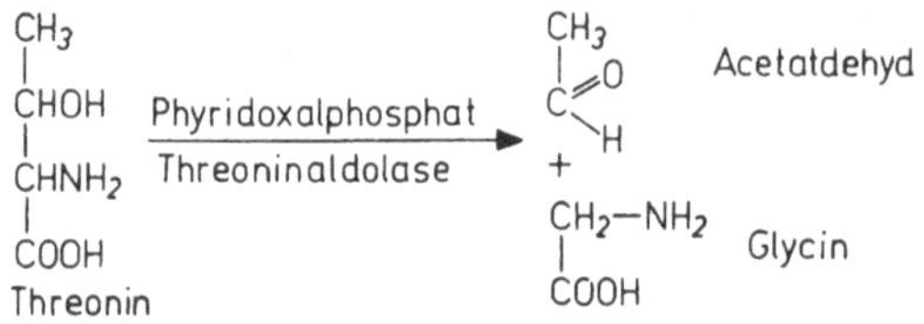

4.3.8. Valin, Leucin, Isoleucin

Der Säugerorganismus ist nicht fähig, diese drei Aminosäuren selbst zu synthetisieren. Sie gehören also zu den essentiellen Aminosäuren. Der Abbau wurde am Beispiel des Leucins auf S. 172 (dieses Bandes) ausführlich besprochen. Ihre Biosynthesewege wurden in *E. coli*, Neurospora und anderen Mikroorganismen eingehend studiert. Sie erfolgen auf komplizierte Weise aus Threonin und Pyruvat über eine Reihe von Zwischenstoffen.

4.3.9. Phenylalanin und Tyrosin

Die Biosynthese dieser Aminosäuren (*E. coli* und andere Mikroorganismen) geht vom Erythrose-4-phosphat und dem Phosphoenolpyruvat aus.

Aus ihnen entsteht eine phosphorylierte C-7-Verbindung, die unter Ringschluß und Dephosphorylierung über die 5-Dehydrochinasäure und 5-Dehydroshikimisäure in die *Shikimisäure* übergeht. Diese wird unter ATP-Verbrauch zum Shikimisäure-5-phosphat phosphoryliert. Unter Einbau von Phosphenolpyruvat entsteht daraus das „Compound Z 1-phosphate“, das als Muttersubstanz

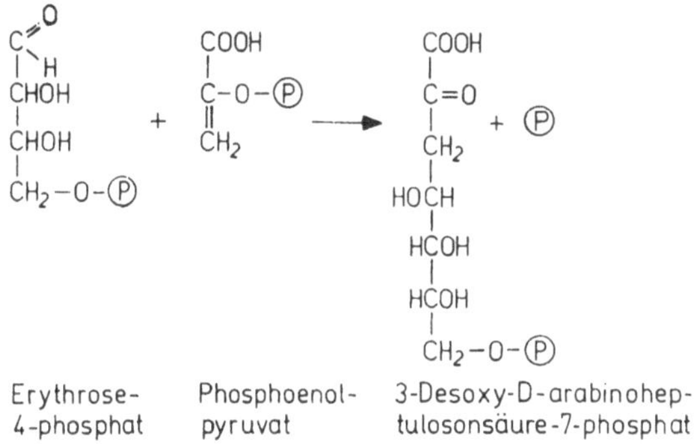

des Phenylalanins, Tyrosins, Tryptophans sowie der p-Aminobenzoesäure und der p-Hydroxybenzoesäure dient:

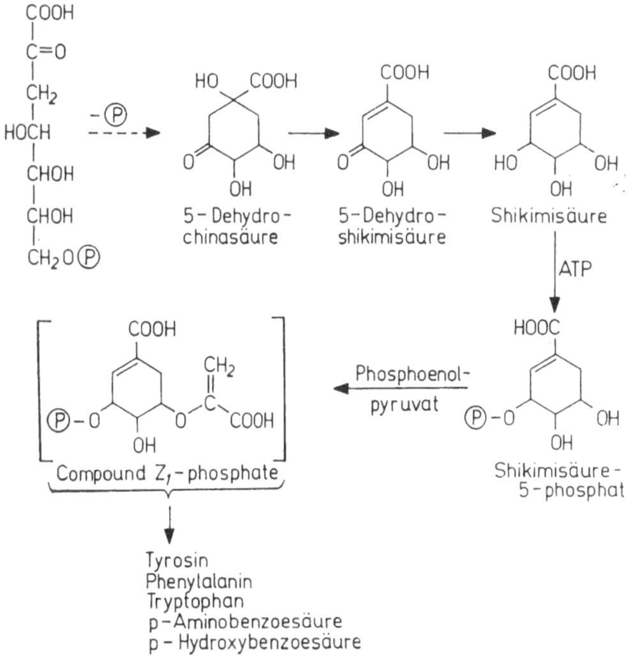

Als weiteres Zwischenprodukt in der Synthesekette des Phenylalanins und des Tyrosins steht zwischen der Shikimisäure und den fertigen Aminosäuren die *Prephensäure.*

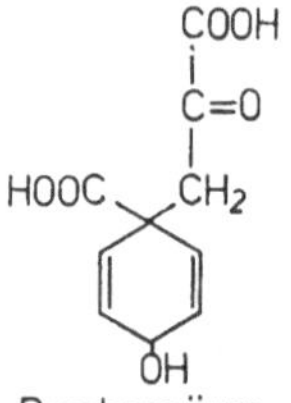

Prephensäure

Der Säugetierorganismus ist nicht in der Lage, Phenylalanin zu synthetisieren, wohl kann er aber Phenylalanin zu Tyrosin oxydieren. Dies ist mit Hilfe von molekularem Sauerstoff und unter Verbrauch von $NADPH_2$ möglich. Das Enzym heißt *Phenylalanin-4-Hydroxylase.* Es besteht höchstwahrscheinlich aus zwei Enzymproteinen. Als Wasserstoffüberträger fungiert ein *Folsäurederivat.*

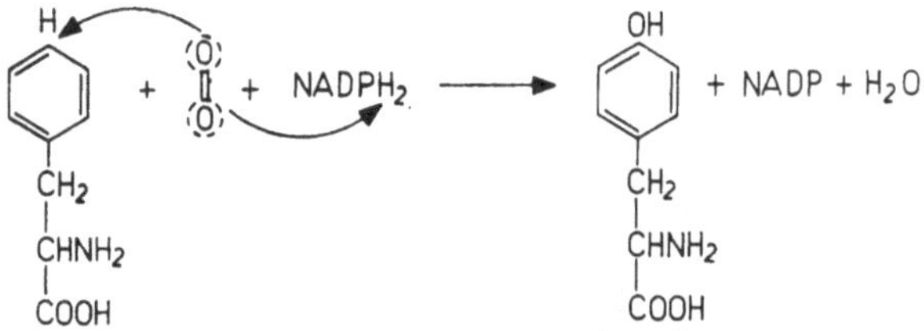

Der Hauptweg des *Tyrosinabbaus* geht über die Hydroxyphenyl-Brenztraubensäure zur *Homogentisinsäure* und von dieser über verschiedene Zwischenprodukte zum *Fumarat* und *Acetoacetat.* Tyrosin kann über Dihydroxyphenylalanin (DOPA) zu den *Melaninen* umgewandelt werden oder über *Noradrenalin* in das *Adrenalin* übergehen.

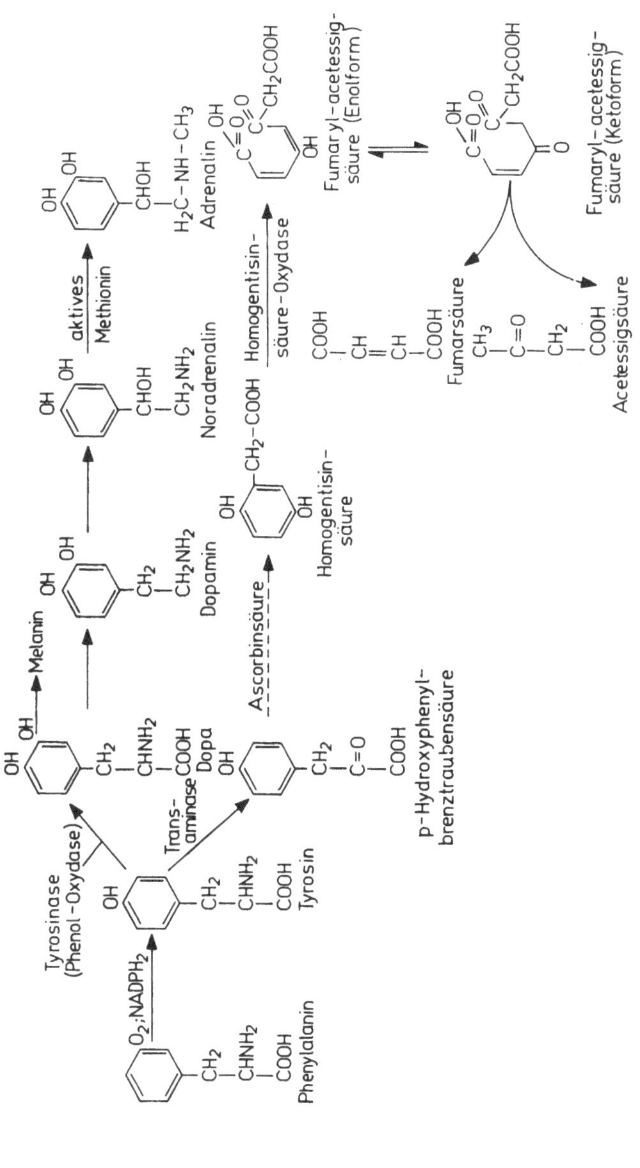

Phenylalanin
O2;NADPH2
Tyrosin
Tyrosinase (Phenol-Oxydase)
Trans-aminase
Dopa
Melanin
Dopamin
Noradrenalin
aktives Methionin
Adrenalin
p-Hydroxyphenyl-brenztraubensäure
Ascorbinsäure
Homogentisin-säure
Homogentisin-säure-Oxydase
Fumaryl-acetessig-säure (Enolform)
Fumaryl-acetessig-säure (Ketoform)
Fumarsäure
Acetessigsäure

Auch ist das Tyrosin die Muttersubstanz der Schilddrüsenhormone Thyroxin und Trijodthyronin.

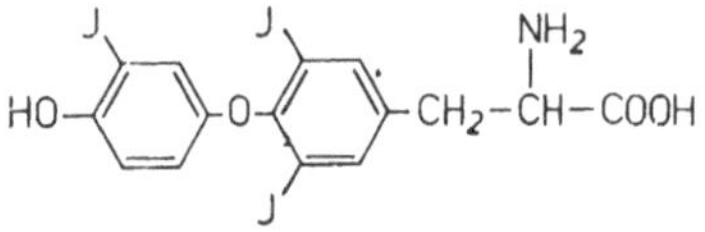

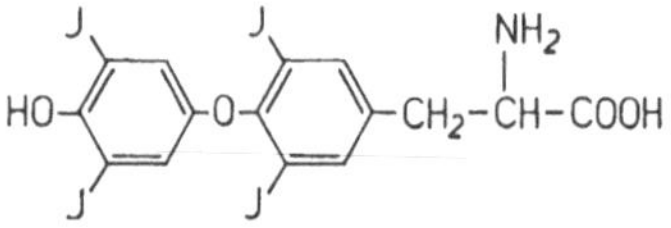

4.3.10. Histidin

Der Hauptweg des *Abbaus* des *Histidins* führt im höheren Organismus und bei Bakterien und Pilzen höchstwahrscheinlich über die *Urocaninsäure* zur *Glutaminsäure*, wie aus Versuchen mit markiertem Histidin hervorgeht.

Die Reaktionsfolge läßt sich wie folgt darstellen:

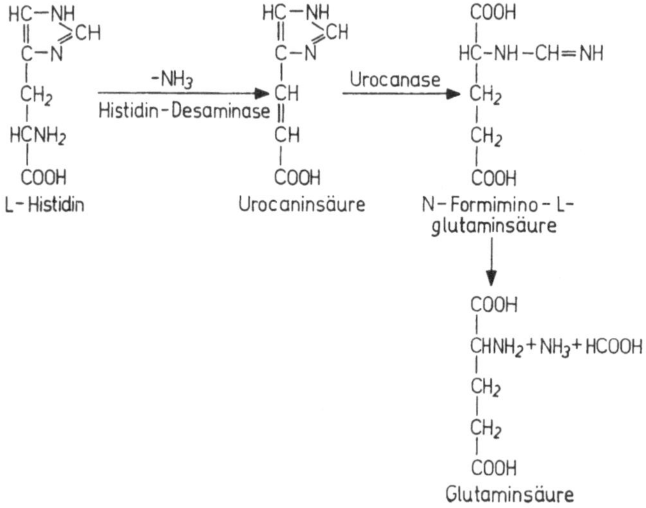

Es hat sich gezeigt, daß die Umwandlung der Urocaninsäure in die *Formiminoglutaminsäure* über eine Zwischenstufe unter Wasserstoffanlagerung verläuft (Imidazolonpropionsäure), deren Bildung durch die *Urocanase* erfolgt.

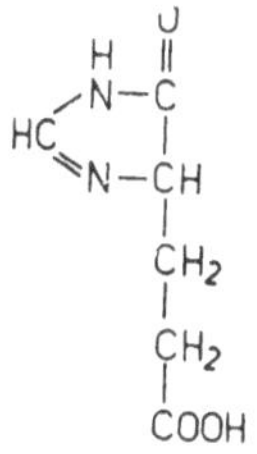

Ein weiteres Enzym, die *Imidazolonhydrolase*, bildet daraus unter Aufspaltung des Imidazolringes N-Formiminoglutaminsäure. Hinweise auf den Formiminoglutaminsäurestoffwechsel wurden erhalten, als bei Folsäuremangel die Ausscheidung dieser Substanz durch die Niere beträchtlich anstieg. Tetrahydrofolsäure ist direkt an der Umsetzung dieses Glutaminsäurederivates beteiligt. Die Untersuchungen führten zur Aufklärung folgender Reaktion:

Formiminoglutaminsäure + FH_4

$\rightarrow$ Glutaminsäure + N-10-Formyl-FH_4 + NH_3

Als Zwischenprodukt dieser Reaktion bildet sich zunächst N-5-Formimino-FH_4 (N-5-CH=NH—FH_4), die dann unter Abspaltung von NH_3 in die N-5,10-Methenyl-FH_4 übergeht; daraus entsteht dann N-10-Formyl-FH_4. Aus dieser Verbindung kann dann durch eine Hydrolase Formiat und freie FH_4 entstehen.

Die *Biosynthese* des *Histidins* wurde an entsprechenden Mangelmutanten von Neurospora crassa und *E. coli* studiert. Teile des Imidazolringes des Histidins stammen aus dem Purinskelett, vorwiegend dem Adenin.

Es ließen sich Enzymsysteme gewinnen, die aus ATP, Ribose-5-phosphat, Glutamin und Pyridinnucleotiden als Cofaktoren Histidin aufbauten. Die Einzelschritte dieser Kette konnten teilweise geklärt werden.

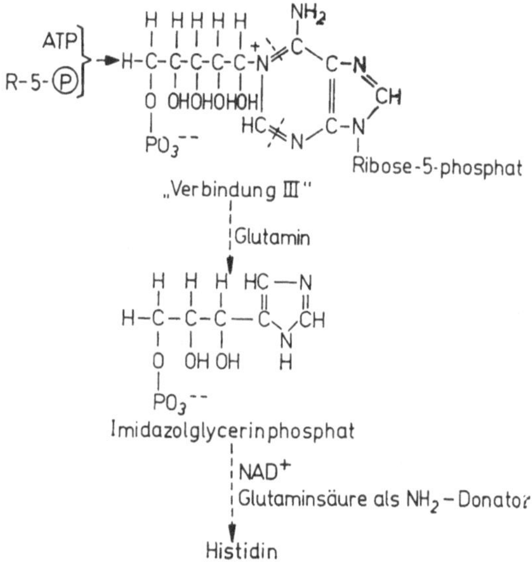

4.3.11. *Tryptophan*

Hinweise über den Biosyntheseweg des Tryptophans, wurden relativ frühzeitig aus der biochemischen Genetik tryptophanabhängiger Mikroorganismen und ihrer Mangelmutanten gewonnen. Hier sind vor allem Neurospora crassa und *E. coli* zu nennen. Im einzelnen ergab sich über die Synthesekette des Tryptophans folgendes Bild:

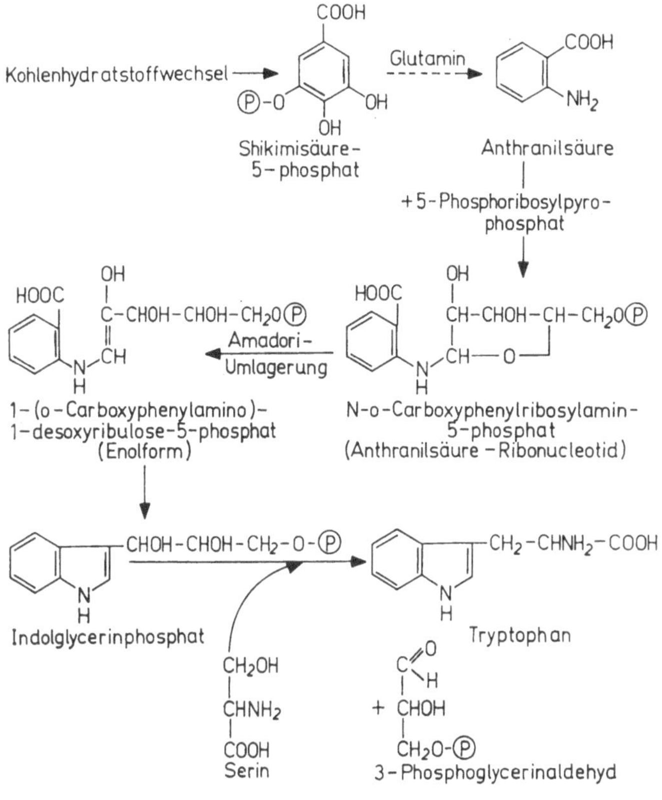

Die letzte Reaktion, die in einem C-3-Körper-Austausch am Indol-Ring besteht, wird wahrscheinlich durch ein einziges, jedoch „zweiköpfiges“ Enzym katalysiert (Indolglycerinphosphat-Hydrolase und Tryptophan-Synthetase). Entsprechende Untersuchungen ergaben, daß das Indol in der letzten Reaktion an das Enzymprotein gebunden bleibt und daß an diesem der Austausch des Glycerinphosphatrestes gegen das Serin erfolgt.

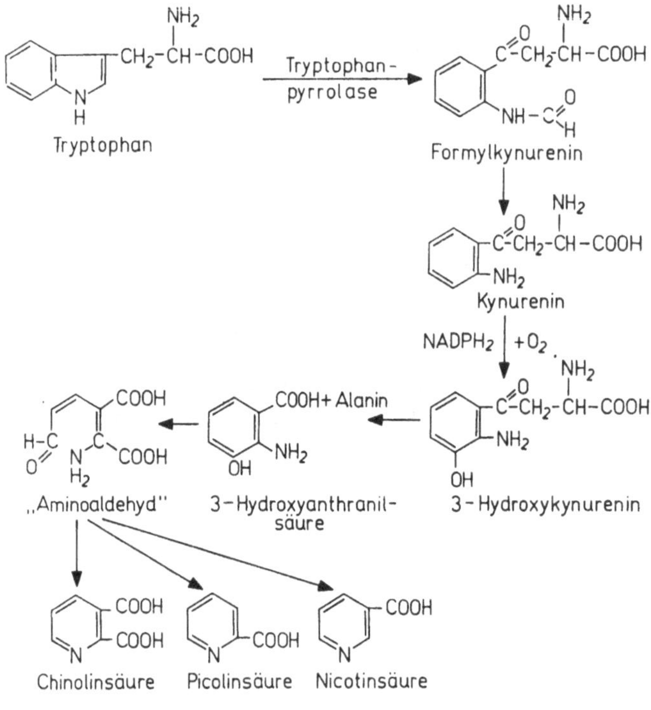

Der Abbau des Tryptophans vollzieht sich über verschiedene Zwischenstufen, wie Kynurenin, 3-Hydroxyanthranilsäure, zu Produkten, wie Nicotinsäure, Picolinsäure, Chinolinsäure.

Es gibt auch andere Wege des Abbaues des Tryptophans in der belebten Natur. Relativ einfach ist die durch die Bakterien im Säugerdarm hervorgerufene Bildung von Skatol und Indol, die über mehrere Zwischenstufen erfolgt:

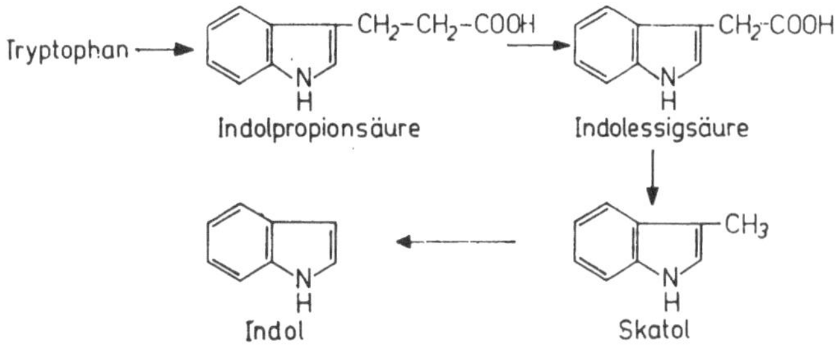

Durch Decarboxylierung, Transaminierung und Hydroxylierung entstehen aus dem Tryptophan Produkte, wie Tryptamin, Indolbrenztraubensäure und 5-Hydroxytryptamin (Serotonin).

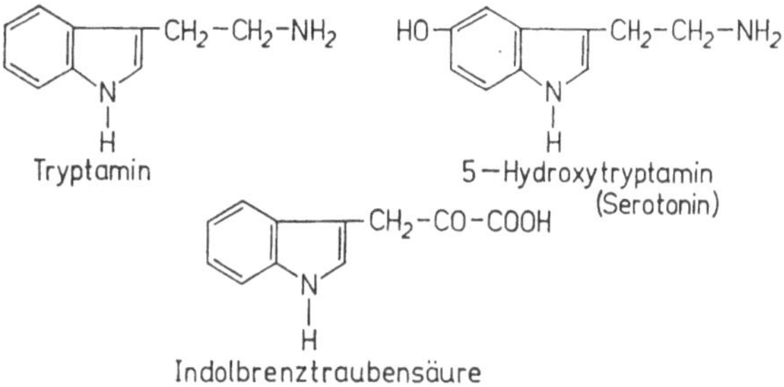

Von wesentlicher Bedeutung ist, daß als ein Produkt des Tryptophanstoffwechsels Nicotinsäure, die ein Vitamin der B-Reihe *(Niacin)* ist, entsteht. Die Bildung dieser Substanz aus dem Tryptophan reicht jedoch beim Menschen unter normalen Bedingungen nicht aus, so daß eine zusätzliche Zufuhr durch die Nahrung erforderlich ist. Bei Tryptophanmangel, aber auch bei Pyridoxinmangel (das Pyridoxalphosphat spielt im Tryptophanstoffwechsel eine große Rolle) lassen sich Mangelzustände von Nicotinsäure beobachten. Aus dieser Verbindung werden vom Organismus die wasserstoffübertragenden Coenzyme NAD^+ und $NADP^+$ synthetisiert.

Aus dem 3-Hydroxykynurenin können von Insekten und Krebsen Pigmente, die sogenannten „Ommochrome“, synthetisiert werden (BUTENANDT). Der einfachste Vertreter dieser Substanzen ist das *Xanthommatin* ein brauner Augenfarbstoff der Insekten. Dieser entsteht auch leicht in vitro durch Oxydation von 3-Hydroxykynurenin unter geeigneten Bedingungen.

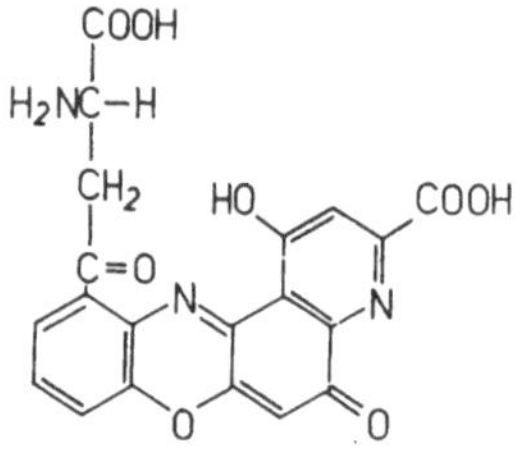

Xanthommatin

Aus dem *Kynurenin* kann auch Kynurensäure und aus dem 3-Hydroxykynurenin die Xanthurensäure entstehen. Diese beiden Substanzen sind bei manchen Tieren Ausscheidungsprodukte des Tryptophanstoffwechsels. Beim Menschen werden diese Substanzen nur dann ausgeschieden, wenn ein Pyridoxinmangel vorliegt.

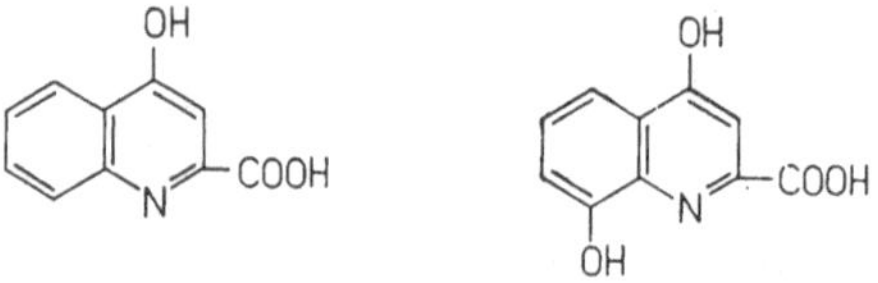

Kynurensäure Xanthurensäure

4.3.12. Lysin

Der Abbau dieser Diaminomonocarbonsäure führt über ihre Ketoverbindung und einen Ringschluß zur α-Aminoadipinsäure. Schließlich entsteht daraus Glutarsäure, die über α-Hydroxyglutarsäure zu α-Ketoglutarsäure umgewandelt wird.

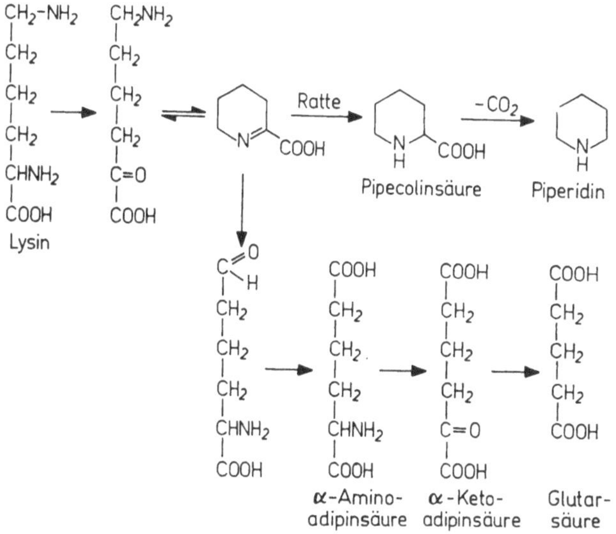

Pipecolinsäure ist bei der Ratte ein Ausscheidungsprodukt des Lysins. Der Mensch ist in der Lage, diese Substanz zu decarboxylieren und daraus Piperidin zu bilden, das in geringer Menge im Harn erscheint.

4.3.13. Arginin und Prolin

Wie das Histidin gehen auch Arginin und Prolin in die Glutaminsäure über, deren Schicksal aus der Besprechung des allgemeinen Stoffwechsels der Aminosäuren hervorgeht.

Das durch Harnstoffabspaltung aus dem Arginin entstehende Ornithin wird durch Transaminierung in Glutaminsäuresemialdehyd übergeführt. Dieser wird entweder zur Glutaminsäure oxydiert oder unter Wasserabspaltung zur Pyrrolincarbonsäure umgewandelt.

Aus dieser Verbindung entsteht in reversibler Reaktion unter Wasserstoffanlagerung Prolin. Die Aminosäure Prolin kann mittels der gleichen Reaktion über Glutaminsäuresemialdehyd abgebaut werden. Eine weitere Umwandlungsmöglichkeit des Prolins ist seine Oxydation zum Hydroxyprolin.

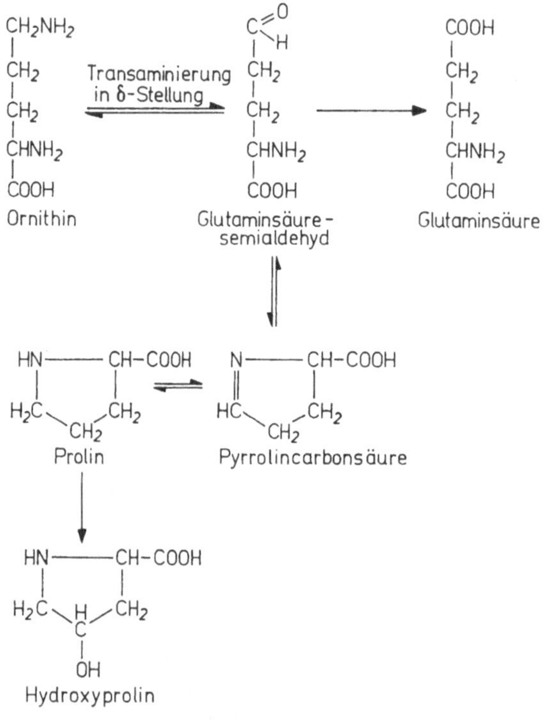

4.4. Stoffwechsel anorganischer Stickstoffverbindungen

Verschiedene Mikroorganismen, wie z. B. die gramnegativen Bakterien (*Escherichia coli*) können wachsen, also Eiweiß synthetisieren, wenn *Ammoniumsalze* als einzige *Stickstoffquelle* angeboten werden. Andere Mikroorganismen vermögen Nitrat zu verwerten. Azotobacter und Clostridium sind in der Lage, atmosphärischen Stickstoff bei Anwesenheit einer geeigneten Kohlenstoffquelle (Mannit) in den Stoffwechsel einzubeziehen.

Das folgende Schema gibt einen Überblick über den Stoffwechsel anorganischer Stickstoffverbindungen in Mikroorganismen.

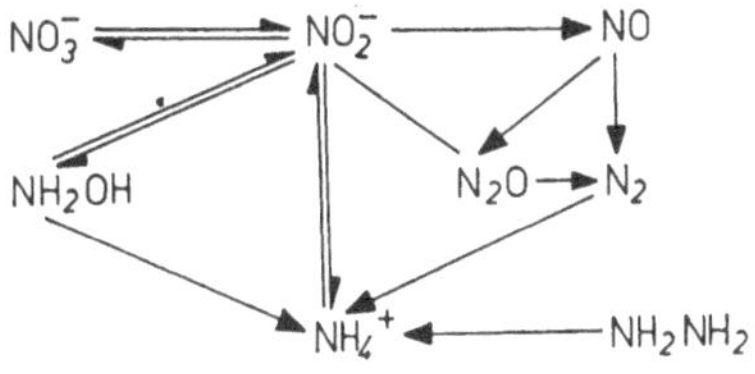

4.4.1. *Stickstoffixierung*

Stickstoffixierende Enzymsysteme sind u. a. aus Clostridium pasteurianum isoliert worden. Als Cofaktoren wirken Fe^{++}, Mg^{++} (oder Mn^{++}), Aneurinpyrophosphat, anorganisches Phosphat und Coenzym A, außerdem wahrscheinlich FAD, Vitamin B_{12} und Biotin. Dies zeigt, daß die Stickstoffixierung ein sehr komplexer Prozeß ist.

Bei der N_2-Fixierung durch intakte Zellen haben sich noch Molybdän und Calcium als nötig erwiesen. Substrat für die Reduktion scheint Brenztraubensäure zu sein.

An der Reduktion des N_2 zum NH_4^+ scheint die *Hydrogenase*, die in Mikroorganismen weit verbreitet ist, beteiligt zu sein. Sie katalysiert folgende Netto-Reaktion:

$$2H^+ + 2e \rightleftharpoons H_2$$

Sie ist ein gelbes Enzym und könnte eine reduzierende Wirkung auf den Stickstoff haben, indem reduziertes FAD den Wasserstoff auf letzteren überträgt. Es wird vermutet, daß Hydroxylamin und Hydrazin als Zwischenprodukte, die nur in kleinen Mengen vorkommen und fest an das Enzym gebunden erscheinen, bei der Reduktion des Stickstoffes zum Ammoniak auftreten. Neben dem heterotrophen Aerobier Azotobacter und dem Anaerobier Clostridium zeigen Symbiosen zwischen Bakterien der Rhizobium-Familie und Wurzelzellen von Leguminosen eine Stickstoffixierung. Weder die Wurzelzellen noch die Bakterien allein können diese Reaktion durchführen.

Obwohl diese Beziehungen zwischen beiden Partnern noch nicht endgültig geklärt sind, gibt es Gründe für die Annahme, daß Hydroxylamin als Zwischenprodukt sich mit Oxalessigsäure zum Oxim verbindet und daraus dann Asparaginsäure entsteht. Die Oxalessigsäure scheint dabei von den pflanzlichen Wirtszellen geliefert zu werden.

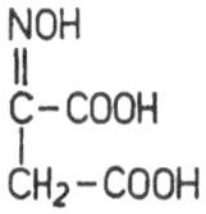

Oxalessigsäureoxim

4.4.2. Stoffwechsel von Nitrat und Nitrit

Verschiedene Mikroorganismen des Bodens vermögen NH_3 zu NO_2^- (Nitrosomonas) und NO_2^- zu NO_3^- (Nitrobacter) zu oxydieren. Als Zwischenprodukt bei der Nitritbildung entsteht vermutlich Hydroxylamin. Als Elektronenacceptoren vermögen in diesen Systemen Cytochrome zu reagieren. Die Energie der Oxydation wird für Synthesen genutzt.

Biologisch wichtiger als diese sogenannte Nitrifizierung ist die Reduktion des Nitrates zum Nitrit und dessen weitere Reduktion zu N_2 bzw. NH_3. Diese Prozesse wurden in vielen heterotrophen Mikroorganismen, wie *Escherichia coli*, Clostridium welchii, Proteus vulgaris, beobachtet.

Die erste Reaktion in dieser Kette ist die Reduktion des NO_3^- zum NO_2^- durch die Nitratreduktase. Dieses ist ein molybdänhaltiges Flavoproteid, welches zur Reduktion des Nitrates $NADPH_2$ oder $NADH_2$ braucht. Bei der Reduktion des NO_3^-, welches unter anaeroben Bedingungen als Elektronenacceptor fungieren kann, wird wie in der normalen Atmungskette ATP gebildet. Die weitere Reduktion des Nitrites erfolgt ebenfalls durch hydrierte Pyridinnucleotide mit Hilfe von Flavinenzymen. Der Verbrauch von $NADH_2$ bzw. $NADPH_2$ bei Nitrat- und Nitrit-Reduktion macht verständlich, daß parallel mit diesen Prozessen ein gesteigerter Kohlenhydratabbau einhergeht.

5. Stoffwechsel der Nucleinsäuren und Nucleotide

5.1. Abbaureaktionen

5.1.1. Abbau der Nucleinsäuren

Der Abbau der Nucleinsäuren zu Poly-, Oligo- oder Mononucleotiden kann durch *spezifische Nucleasen* oder *unspezifische Phosphodiesterasen* erfolgen, die auch andere Diester der Phosphorsäure angreifen. Bei den Nucleasen unterscheidet man *Ribonucleasen* (RNasen) und *Desoxyribonucleasen* (DNasen). Nucleasen konnten in vielen Säugetiergeweben und Mikroorganismen nachgewiesen werden. Sie treten meist in Verbindung mit Proteininhibitoren auf oder sind an Nucleinsäuren gebunden und werden auf diese Weise gehemmt. Die RNase und DNase des Pankreas zeichnen sich durch eine besonders hohe Aktivität aus. Beide Enzyme konnten in kristalliner Form dargestellt werden.

Man unterscheidet Endo- und Exonucleasen. Die Endonucleasen greifen Bindungen im Innern der Nucleinsäureketten an, während die Exonucleasen Mononucleotide von dem einen Ende der Nucleinsäuren her abspalten. Der Abbau der DNS durch DNase aus Pankreas (DNase I) führt zu Oligonucleotiden (durchschnittliche Kettenlänge 4 Mononucleotide) einer freien Hydroxylgruppe am 3′-Ende und einer Phosphatgruppe am anderen (5′-)Ende. Andere DNasen können bis zu den Mononucleotiden abbauen. DNase aus Thymus und Milz liefert Oligonucleotide mit durchschnittlich sechs Mononucleotiden, die eine freie OH-Gruppe an Position 5′ und eine Phosphatgruppe am 3′-Ende tragen (DNase II), DNase aus Mikrokokken liefert 3-Mononucleotide.

Bei den RNasen wurde die Spezifität eingehend untersucht. RNase aus Pankreas spaltet spezifisch Phospatesterbindungen zwischen einem 3-Pyrimidinnucleotidrest und der 5-Hydroxylgruppe der benachbarten Ribose. Die Spaltprodukte enthalten also endständig 3-Pyrimidinnucleotide. Als Zwischenprodukte wurden cyclische 2,3-Phosphate nachgewiesen. Aus Bakterien konnten RNasen isoliert werden, die spezifisch Guanylsäurebindungen spalten.

Für Strukturaufklärungen von Nucleinsäuren ist es bedeutungsvoll, daß verschiedene Exonucleasen an den Kettenenden von Polynucleotiden und Polydesoxynucleotiden angreifen und zur schrittweisen Freisetzung von Mononucleotiden bzw. Monodesoxynucleotiden führen. Phosphodiesterase aus Schlangengift oder *E. coli* liefert dabei 5-Nucleotide, eine Exonuclease aus Lactobacillus acidophilus 3-Nucleotide.

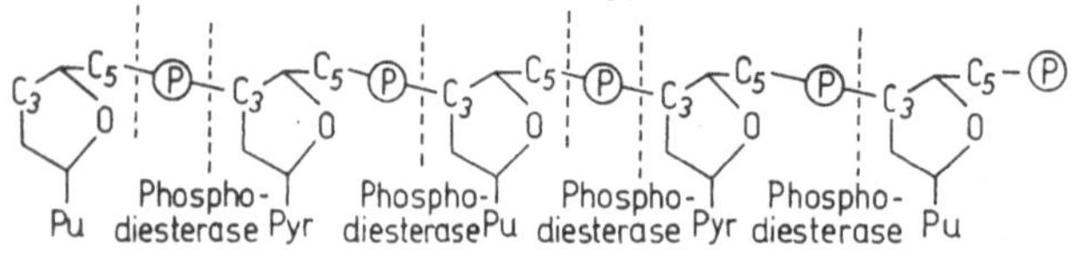

Abbau der RNS durch RNase aus Pankreas und Phosphodiesterase aus Schlangengift

5.1.2. Abbau der Nucleotide und Nucleoside

Die Phosphatgruppen der Nucleotide können durch unspezifische Phosphomonoesterasen oder spezifische Enzyme hydrolytisch abgespalten werden.

$$\text{A-R-Ⓟ}\sim\text{Ⓟ}\sim\text{Ⓟ} + H_2O \xrightarrow{\text{ATPase}} \text{A-R-Ⓟ}\sim\text{Ⓟ} + \text{Ⓟ}$$

$$\text{A-R-Ⓟ}\sim\text{Ⓟ}\sim\text{Ⓟ} + H_2O \xrightarrow{\text{Nucleotidpyrophosphatase, Apyrase}} \text{A-R-Ⓟ} + \text{Ⓟ}\sim\text{Ⓟ}$$

$$\text{A-R-Ⓟ}\sim\text{Ⓟ} + H_2O \xrightarrow{\text{Nucleotiddiphosphatase}} \text{A-R-Ⓟ} + \text{Ⓟ}$$

$$\text{A-R-Ⓟ} + H_2O \xrightarrow{\text{5-Nucleotidase}} \text{A-R} + \text{Ⓟ}$$

Der Abbau der Nucleoside und Desoxynucleoside erfolgt durch die entsprechenden *Nucleosidphosphorylasen* oder hydrolytisch durch *Nucleosidasen.*

$$\text{Base}-\text{R} + \text{Ⓟ} \xrightleftharpoons{\text{Nucleosidphosphorylase}} \text{Base} + \text{R-1-Ⓟ}$$

$$\text{Base}-\text{R} + H_2O \xrightarrow{\text{Nucleosidase}} \text{Base} + \text{R}$$

Durch Nucleosidasen kann die Spaltung der glykosidischen Bindung auch auf der Stufe der Nucleotide erfolgen.

$$\text{Base}-\text{R}-\text{Ⓟ} + H_2O \rightarrow \text{Base} + \text{R-5-Ⓟ}$$

Nicotinsäureamidnucleotide werden durch Pyrophosphatase und Nucleosidasen abgebaut.

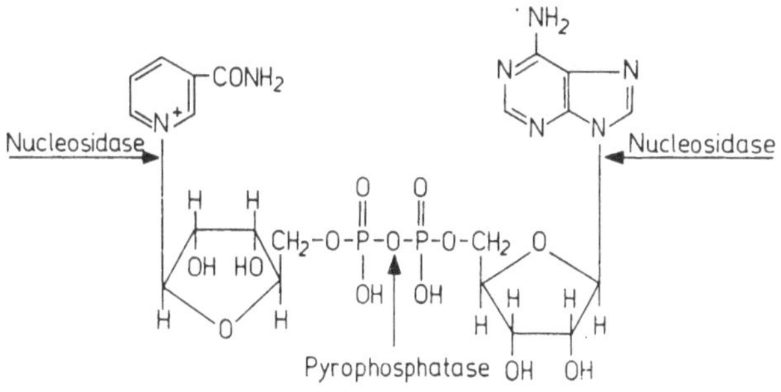

Die Aminogruppen des Adenins, Guanins und Cytosins werden durch verschiedene spezifische Desaminasen auf der Stufe der Nucleotide, der Nucleoside und der freien Basen hydrolytisch entfernt.

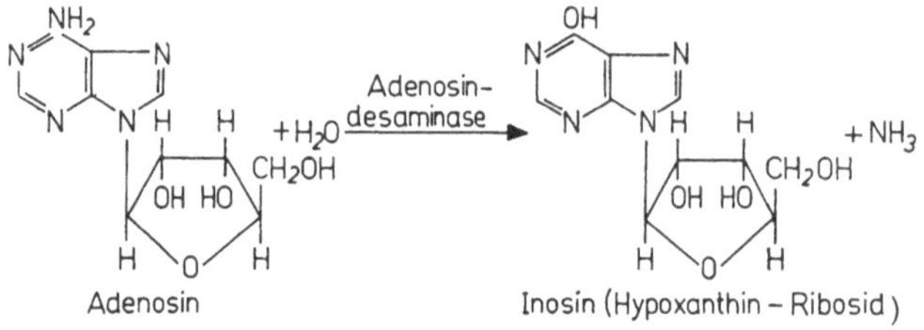

5.1.3. Abbau der Purin- und Pyrimidinbasen

Durch die im vorigen Abschnitt beschriebenen Abbaumechanismen entsteht aus ATP Hypoxanthin, aus GTP Xanthin. Durch ein spezifisches Enzym, die *Xanthinoxydase* werden Hypoxanthin und Xanthin zu *Harnsäure* oxydiert.

Die Xanthinoxydase ist ein molybdänhaltiges Flavoproteid.

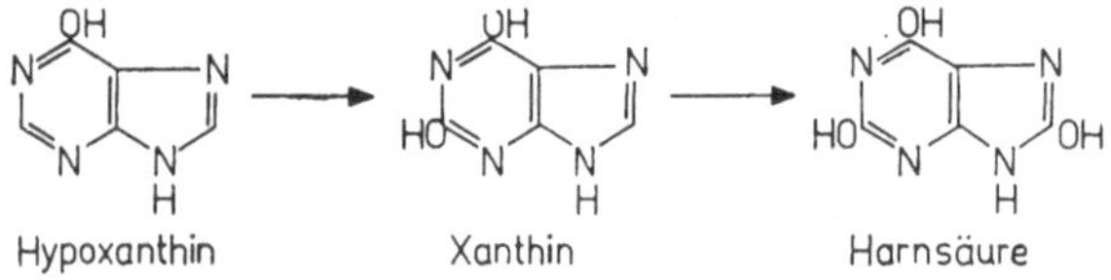

Bei Landreptilien und Vögeln wird meist aller Stickstoff in Form von Harnsäure ausgeschieden, bei Menschen und Menschenaffen ist die Harnsäure das Endprodukt des Purinabbaus. Die übrigen Säuger oxydieren Harnsäure zu Allantoin.

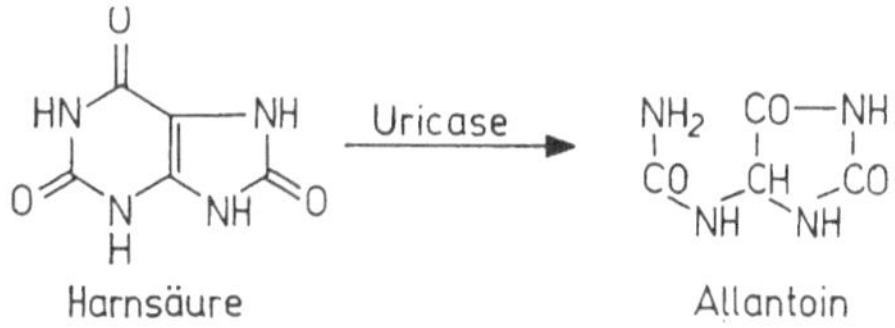

In der Rattenleber wurde ein Abbauweg für Pyrimidinbasen entdeckt. Uracil wird hier über Dihydrouracil und β-Ureidopropionat zum β-Alanin abgebaut.

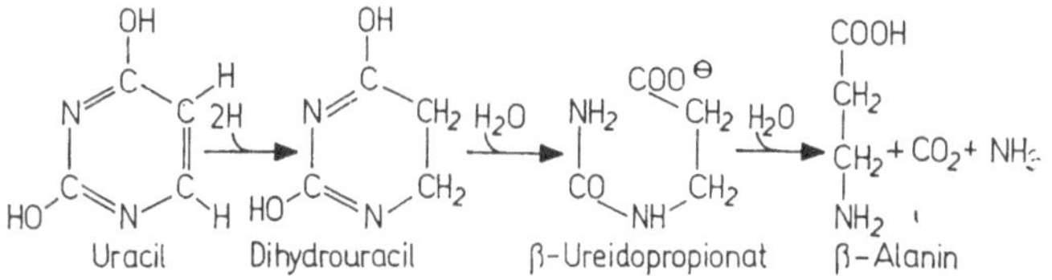

5.2. *Synthesereaktionen*

5.2.1. *Purinsynthese*

Es konnte gezeigt werden, daß die Synthese des Puringerüstes aus kleinen Molekülen erfolgt. So wurde nachgewiesen, daß der Purinstickstoff aus Aminosäuren

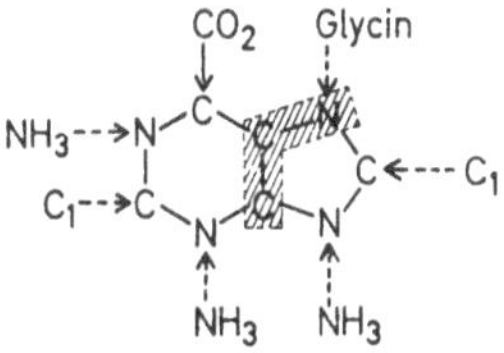

stammt. Später gelang es, in Extrakten von Tauben- und Kükenleber die Biosynthese der Inosinsäure aufzuklären. Die Synthese geht vom Ribose-5-phosphat aus. Durch Übertragung des Pyrophosphatrestes vom ATP bildet sich *5-Phosphoribosyl-1-pyrophosphat.* Das Produkt reagiert mit Glutamin unter Bildung von 5-Phosphoribo-

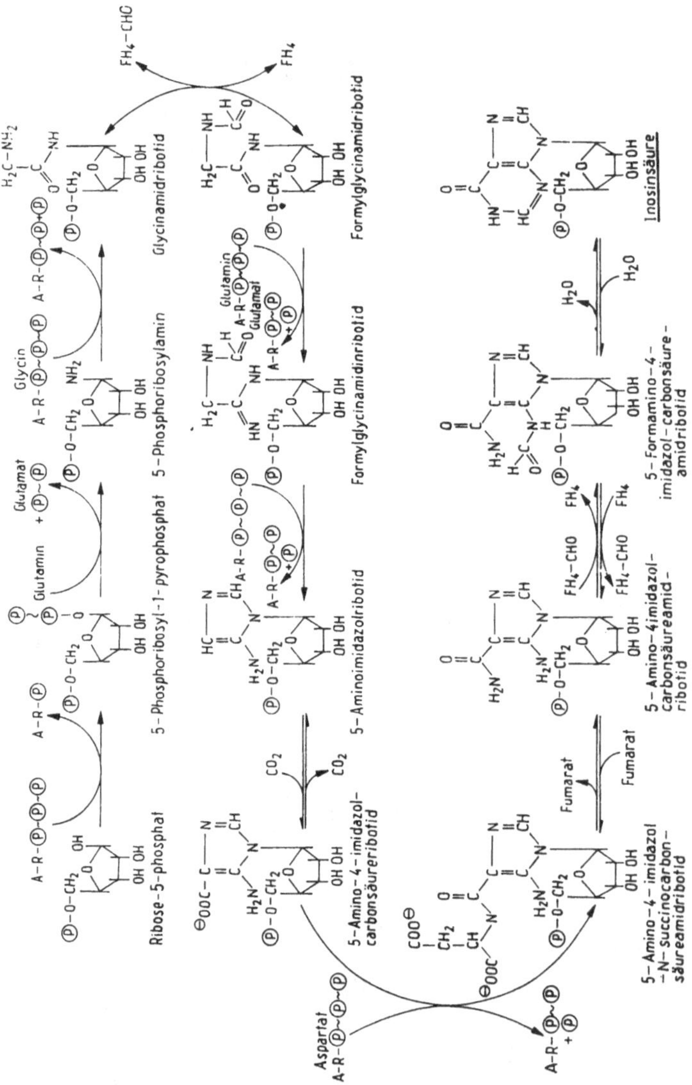
Ribose-5-phosphat
5-Phosphoribosyl-1-pyrophosphat
5-Phosphoribosylamin
Glycinamidribotid
Formylglycinamidribotid
Formylglycinamidinribotid
5-Aminoimidazolribotid
5-Amino-4-imidazol-carbonsäureribotid
5-Amino-4-imidazol-N-Succinocarbon-säureamidribotid
5-Amino-4imidazol-carbonsäureamid-ribotid
5-Formamino-4-imidazol-carbonsäure-amidribotid
Inosinsäure
Glutamin
Glutamat
Glycin
Aspartat
Fumarat
CO_2
H_2O
FH_4-CHO
FH_4

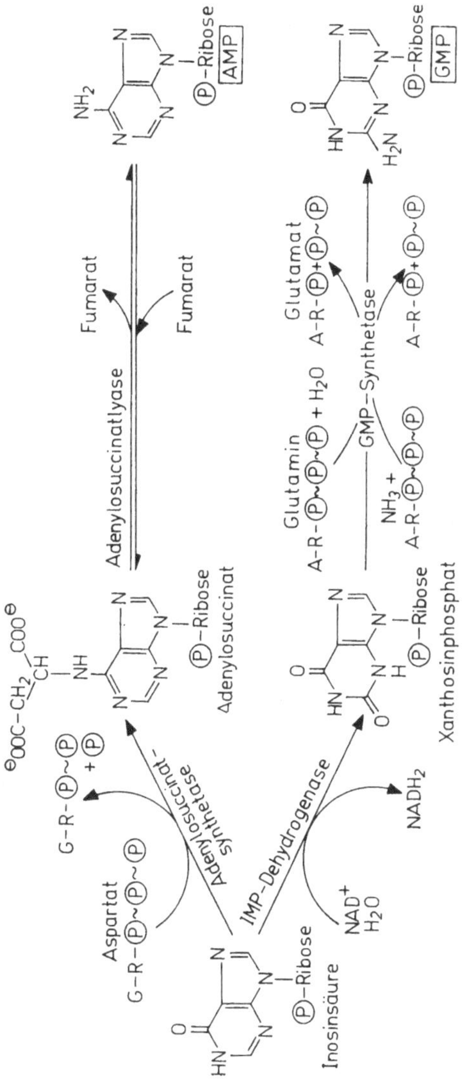

Inosinsäure
Aspartat
G-R-Ⓟ~Ⓟ~Ⓟ
G-R-Ⓟ~Ⓟ + Ⓟ
Adenylosuccinat-synthetase
Adenylosuccinat
Adenylosuccinatlyase
Fumarat
AMP
IMP-Dehydrogenase
NAD⁺ H2O
NADH2
Xanthosinphosphat
Glutamin
Glutamat
GMP-Synthetase
GMP

sylamin. Der nächste Schritt ist eine Reaktion mit Glycin, wobei unter Knüpfung einer Säureamidbindung Glycinamidribotid entsteht. Bei dieser Reaktion wird ATP verbraucht. Auf die Aminogruppe des Glycins wird ein Formylrest übertragen. Der Donator ist Formyl-Tetrahydrofolsäure („aktive Ameisensäure"). Es folgt wieder eine Reaktion mit Glutamin unter ATP-Verbrauch, wobei das entsprechende Amidin gebildet wird. In einer weiteren ATP-verbrauchenden Reaktion kommt es zum Ringschluß, es entsteht Aminoimidazolribotid. An den Imidazolring wird CO_2 angelagert, das aus Bicarbonat stammt. Unter ATP-Verbrauch wird an die Carboxylgruppe säureamidartig Aspartat gebunden. Durch Abspaltung von Fumarat entsteht 5-Amino-4-imidazolcarbonsäureamid-ribotid. Das C-2-Atom des Purinringes wird durch Übertragung des Formylrestes auf die 5-Aminogruppe geliefert. Durch Wasserabspaltung wird der Pyrimidinring geschlossen, es entsteht Inosinsäure.

Die Inosinsäure ist das Ausgangsmaterial für die Synthese anderer Purinderivate. In GTP-abhängiger Reaktion bildet sich durch Anlagerung von Aspartat das Adenylosuccinat. Unter Abspaltung von Fumarat entsteht daraus Adenosinmonophosphat.

Ein anderer Weg führt in NAD^+-abhängiger Reaktion zum Xanthosinphosphat. Unter Verbrauch von ATP und Glutamin entsteht daraus Guanylsäure.

5.2.2. Pyrimidinsynthese

Die Biosynthese des Pyrimidinringsystems konnte in Versuchen mit Rattenleber geklärt werden.

Das Ausgangsmaterial ist das *Carbamylphosphat*, eine Substanz, die auch für die Citrullinsynthese benötigt wird (s. S. 164 Teil II). Carbamylphosphat entsteht aus Ammoniak, Kohlendioxyd und ATP in Gegenwart von Acetylglutamat. Bei der Synthese des Pyrimidinringes reagiert Carbamylphosphat mit Asparaginsäure unter

Bildung von Carbamylaspartat. Das hierfür verantwortliche Enzym heißt Aspartatcarbamyltransferase oder Aspartattranscarbamylase. Es erfolgt Ringschluß zum Dihydroorotat. Durch Dehydrierung mit FAD entsteht Orotat. Orotat liefert durch Reaktion mit Phosphoribosylpyrophosphat Orotidin-5-phosphat. Letzteres geht durch enzymatische Decarboxylierung in Uridin-5-phosphat über. Cytosinderivate können in Bakterien aus Uracilderivaten durch Reaktion mit Ammoniak, in Säugetiergeweben durch Reaktion mit Glutamin entstehen. In jedem Fall handelt es sich um eine ATP-verbrauchende Reaktion.

Die Purin- und Pyrimidinnucleotidsynthese-Ketten unterliegen einer wirksamen Kontrolle. Besonders wurde dabei die Aspartattranscarbamylase untersucht, die durch CTP u. a. allosterisch gehemmt wird. Dies ist ein eindrucksvolles Beispiel einer negativen Rückkopplung.

5.2.3. *Synthese der Nucleoside und Nucleotide*

Außer den schon beschriebenen Wegen kann eine Synthese der Purin- und Pyrimidinnucleotide auch über die Stufe der Nucleoside erfolgen, die ihrerseits aus Ribose-1-phosphat und den freien Basen gebildet werden können.

$$\text{Base} + \text{R-1-Ⓟ} \xrightleftharpoons{\text{Nucleosidphosphorylase}} \text{Base} - \text{R} + \text{Ⓟ}$$

Das Gleichgewicht liegt auf der Seite des Nucleosids und kann durch Phosphatüberschuß auf die Seite der freien Base verschoben werden. In Anwesenheit von Desoxyribose-1-phosphat und Desoxynucleosidphosphorylase entstehen Desoxynucleoside. Ribose-1-phosphat entsteht aus Ribose-5-phosphat, wobei Ribose-1,5-diphosphat als Cosubstrat wirkt.

$$\text{R-5-Ⓟ} \xrightleftharpoons{\text{Phosphoribomutase}} \text{R-1-Ⓟ}$$

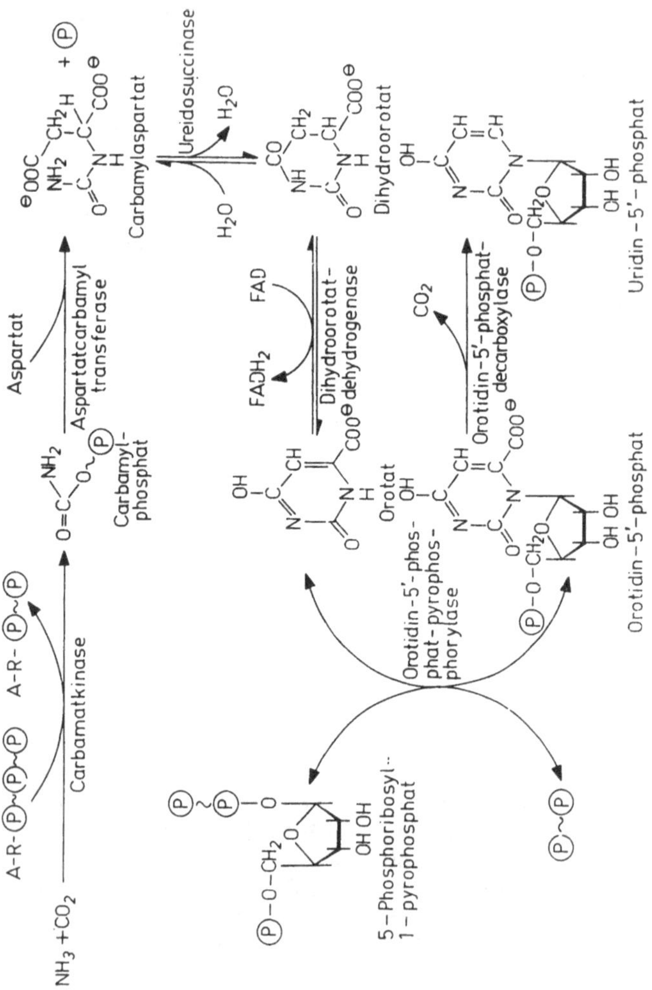

Carbamatkinase
Carbamylphosphat
Aspartat
Aspartatcarbamyltransferase
Carbamylaspartat
Ureidosuccinase
Dihydroorotat
Dihydroorotatdehydrogenase
FAD
FADH2
Orotat
Orotidin-5'-phosphat-pyrophosphorylase
5-Phosphoribosyl-1-pyrophosphat
Orotidin-5'-phosphat
Orotidin-5'-phosphat-decarboxylase
CO2
Uridin-5'-phosphat

Das Gleichgewicht liegt zugunsten des Ribose-5-phosphats. Analog erfolgt auch die Umwandlung von Desoxyribose-5-phosphat in Desoxyribose-1-phosphat durch das Enzym Phosphodesoxyribomutase.

5.2.4. Synthese von Coenzymen

$$\mathrm{NAD^+} + \mathrm{A{-}R{-}(P){\sim}(P){\sim}(P)} \xrightarrow{\mathrm{NAD^+\text{-}Kinase}} \mathrm{NADP^+} + \mathrm{A{-}R{-}(P){\sim}(P)}$$

Der Hauptweg der Pyridinnucleotidsynthese geht wahrscheinlich von der freien Nicotinsäure aus, die in nicht ausreichendem Umfang aus dem Tryptophan entstehen kann und deshalb dem menschlichen Organismus als Vitamin zugeführt werden muß. Die Amidgruppe wird erst auf der Stufe der Nucleotide eingeführt. Mit Hilfe einer Kinase kann aus dem NAD^+ das $NADP^+$ gebildet werden.

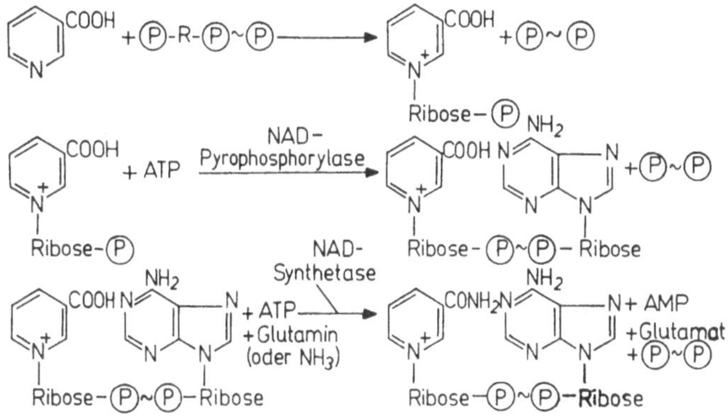

Die Bildung von FMN und FAD erfolgt analog.

Riboflavin + A—R—Ⓟ~Ⓟ~Ⓟ

$\xrightarrow{\text{Riboflavinkinase}}$ Riboflavin—Ⓟ + A—R—Ⓟ~Ⓟ

Riboflavin—Ⓟ + A—R—Ⓟ~Ⓟ~Ⓟ

$\underset{\text{FAD-Pyrophosphorylase}}{\rightleftharpoons}$ Riboflavin—Ⓟ~Ⓟ—R—A + Ⓟ~Ⓟ

5.2.5. Synthese von Desoxynucleotiden

In vitro konnte in verschiedenen Zellen und Geweben eine Bildung von Desoxynucleotiden durch Reduktion von Ribonucleotiden beobachtet werden. Durch Versuche mit Bakterien wurde bestätigt, daß Desoxyribose aus Ribose entsteht oder beide Pentosen eine gemeinsame Vorstufe haben.

Thymidin wird aus Desoxyuridin durch Reaktion mit N(5)-N(10)-Methylentetrahydrofolsäure gebildet.

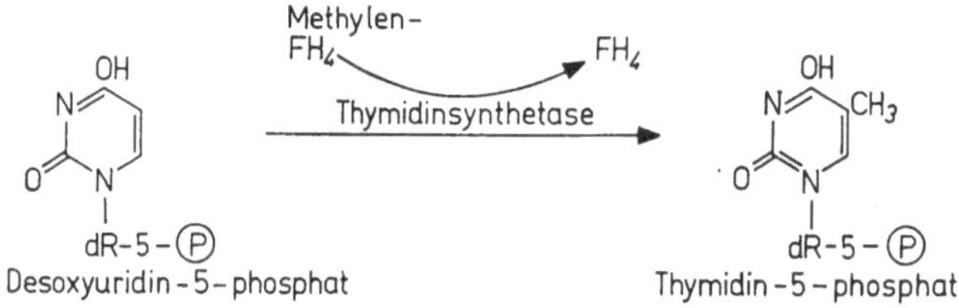

5.2.6. Die Synthese der Ribonucleinsäuren

Die Polynucleotidphosphorylase wurde als erstes RNS-synthetisierendes Enzym entdeckt (Ochoa, 1955). Sie wurde aus Azotobacter vinelandii isoliert. Das Enzym katalysiert die Synthese von Polyribonucleotiden aus Nucleotid-5-diphosphaten unter Freisetzung von anorganischem Phosphat. Die Mg^{++}-abhängige Reaktion ist reversibel:

$$n\,B{-}R{-}Ⓟ{-}Ⓟ \rightleftharpoons (B{-}R{-}Ⓟ)_n + n\,Ⓟ$$

(B = Purin- bzw. Pyrimidinbase)

Die Mononulcotide sind untereinander wie in der RNS durch 3′,5′-Phosphodiesterbindungen verbunden. Die Synthese wird durch einen Keim beschleunigt. Hierbei sind lösliche RNS oder Oligonucleotide wie Tri- oder Diadenylsäure wirksam. Der Keim muß eine freie 3′-OH-Gruppe tragen, die der Bildung einer neuen Phosphodiesterbindung dient. Die Synthese stellt also eine Kettenverlängerung dar. Die Zusammensetzung des Produktes hängt von den verwendeten Substraten ab. Polyadenylsäure bildet sich bei Verwendung von ADP als Substrat, Polyuridylsäure aus UDP usw. Von solchen Homopolymeren unterscheiden sich die Copolymeren, die aus Mischungen der Nucleosiddiphosphate entstehen. Die Nucleotidsequenz in diesen Copolymeren ist zufällig. Ihr relativer Anteil wird weitgehend durch das Verhältnis der verschiedenen Nucleosiddiphosphate in der Substratmischung bestimmt. Es ist fraglich, ob die Polynucleotidphosphorylase in vielzelligen Organismen vorkommt.

In Bakterien, Pflanzen und Tieren wurden RNS-synthetisierende Enzyme nachgewiesen, die man als RNS-Polymerasen bezeichnet. Es gilt als sicher, daß diese Enzyme für die Synthese des Hauptanteils der RNS verantwortlich sind. Diese RNS-Polymerasen haben gemeinsam, daß sie als Substrate Nucleosidtriphosphate brauchen. Man unterscheidet DNS- und RNS-abhängige RNS-Polymerasen. Die DNS-abhängige RNS-Polymerase hat eine außerordentlich große biologische Bedeutung. Sie ist für die Synthese der Boten-, Ribosomen- und Transfer-RNS verantwortlich. Das Enzym braucht für seine Wirkung die Anwesenheit von DNS als Matrize. Bei Anwesenheit der vier Nucleosidtriphosphate wird durch das Enzym eine Polyribonucleotidkette synthetisiert, die der DNS-Matrize komplementär ist. Dies ist das Ergebnis eines Basenpaarungsmechanismus, in denen die Basen A, C, G und T der DNS-Matrize den Einbau von U, G, C und A dirigieren. Anstelle von Thymin ist in der neugebildeten RNS Uracil vorhanden. Die DNS-abhängige RNS-Polymerase katalysiert folgende Reaktion:

$$\begin{matrix} \text{n ATP} \\ \text{n CTP} \\ \text{n GTP} \\ \text{n UTP} \end{matrix} + \text{DNS} \xrightarrow[\text{Mn}^{++}]{\text{RNS-Polymerase}} \begin{bmatrix} \text{AMP} \\ \text{CMP} \\ \text{GMP} \\ \text{UMP} \end{bmatrix}_n + 4\,\text{Ⓟ}-\text{Ⓟ} + \text{DNS}$$

Als Zwischenprodukt bildet sich dabei ein DNS-RNS-Hybrid, dessen Ketten später auseinanderweichen. Indem das Enzym RNS-Moleküle synthetisiert, die eine zur DNS-Matrize komplementäre Basenfolge besitzen, wird durch die Wirkung dieses Enzyms die in der DNS enthaltene Information auf die neugebildete RNS übertragen. Man bezeichnet die durch dieses Enzym katalysierte Reaktion als Transkription (näheres s. Teil IV).

In neuerer Zeit hat man tiefe Einblicke in die Wirkungsweise dieses Enzyms gewinnen können. Das native Enzym aus *E. coli* hat ein Molekulargewicht von etwa 500000. Es hat eine komplizierte Quartärstruktur mit der allgemeinen Formel $\alpha_2\beta\beta'\sigma$. Die Molgewichte der Untereinheiten sind $\alpha = 40000$, $\beta = 155000$, $\beta' = 165000$, $\sigma = 95000$. Der σ-Faktor hat wichtige Kontrollfunktionen bei der Wirkung dieses Enzyms. Als „natives“ Enzym wird das vollständige, als „Rumpfenzym“ das σ-freie Enzym bezeichnet. Auch das Rumpfenzym besitzt katalytische Aktivität. Die Rolle des σ-Faktors im Transskriptionsprozeß wurde an der durch die *E. coli*-Polymerase katalysierten „Umschreibung“ von Bakteriophagen-DNS zu phagenspezifischer RNS studiert. Während das Rumpfenzym als solches in der Lage ist, die Transskription zu katalysieren, ist die wichtigste Aufgabe des σ-Faktors die, neben einer Erhöhung der Reaktionsgeschwindigkeit und der Affinität des Enzyms zu seinen Substraten, genau die Stelle an der DNS-Matrize festzulegen, an welcher der Syntheseprozeß zum Aufbau spezifischer, also „sinnvoller" RNS begonnen werden muß. Ein weiterer Unterschied zwischen Rumpfenzym und nativem Enzym kommt darin zum Ausdruck, daß das Rumpfenzym die Ablesung beider DNS-Stränge katalysiert, wenn man doppelsträngige DNS als Matrize anbietet. Native Polymerase hingegen übersetzt in Übereinstimmung mit den in-vivo-Verhältnissen nur den Plusstrang des DNS-Doppelfadens. Der DNS-Minus-Strang (Referenzstrang) dient in vivo der Synthese eines neuen komplementären DNS-Stranges, die durch eine DNS-Polymerase katalysiert wird. Die Synthese der neugebildeten RNS beginnt am Plus- oder Transkriptionsstrang von dessen 5'-P-Ende her. Die RNS selbst verlängert sich also von ihrem 3'-OH-Ende aus.

Die DNS-abhängige RNS-Polymerase wird durch niedrige Konzentrationen Aktinomycin gehemmt, indem sich dieses Antibiotikum mit der DNS-Matrize, insbesondere mit seinen Guaninbasen, verbindet. Histone hemmen die Wirksamkeit dieses Enzymes ebenfalls, indem sie die DNS-Matrize besetzen. Äußerst effektive Inhibitoren der *E.-coli*-Polymerase sind Heparin sowie das äußerst interessante Antibiotikum Rifampicin. Während die hemmende Wirkung des Heparins als Polyanion darauf beruht, daß es den Polymerase-Matrizen-Komplex zerstört, wird Rifampicin offensichtlich sehr fest an eine Stelle der Polymerasemoleküls gebunden, die sehr nahe an der RNS-synthetisierenden Stelle liegt. Dadurch kommt es zu einer Unterbindung der RNS-Synthese.

Die RNS-Polymerase steht bei Säugetieren unter hormonaler Kontrolle. Nach Entfernung der Schilddrüse kommt es zu einer Abnahme dieses Enzyms in Leberzellkernen. Zufuhr von Thyroxin vermag diesen

Mangel zu beheben. Auch Wachstumshormon, Hydrocortison, Östradiol sowie das Insektenhormon Ecdyson haben eine steigernde Wirkung auf die Synthese komplementärer RNS.

RNS-abhängige RNS-Polymerasen findet man in tierischen, pflanzlichen und mikrobiellen Zellen, nachdem diese mit RNS-Viren infiziert wurden. Dieser Enzymtyp dient der RNS-Replikation („RNS-Replikase").

Dieses Enzym wurde eingehend in *E. coli* studiert, die mit RNS-Bakteriophagen (f 2 oder MS 2) infiziert wurden. Das Enzym synthetisiert unter Benutzung eines einsträngigen RNS-Moleküls als Matrize einen komplementären Faden und bildet dabei einen Doppelstrang der aus einem Plus- und einem Minus-Strang aufgebaut ist (replikative Form). Der Minus-Strang dient in semikonservativer Form der Synthese eines neuen Plus-Stranges, der identisch mit der Virus-RNS ist. Dieses Enzym, welches erst eine bestimmte Zeit nach der Virusinfektion der Zelle auftritt, ist demnach für die Vermehrung der Virus-RNS verantwortlich.

Außer den genannten Enzymen wurden verschiedene Enzymsysteme nachgewiesen, deren Funktion darin besteht, einige Nucleotideinheiten an die Enden einer existierenden RNS anzuhängen. Die Bedeutung dieser Enzyme liegt darin, daß sie an vorgebildete Ribopolynucleotideinheiten im Cytoplasma einige Gruppen anhängen, die für die spezifische Funktion löslicher RNS notwendig sind. Am meisten untersucht ist das System, das die

$$\begin{array}{ccccc} \mathrm{C} & & \mathrm{C} & & \mathrm{A} \\ | & & | & & | \\ -\mathrm{R}- & \textcircled{P} & -\mathrm{R}- & \textcircled{P} & -\mathrm{R} \end{array}$$

-terminale Struktur der löslichen RNS aufbaut. In diesem Fall reagiert lösliche RNS mit CTP und ATP. Unter Freisetzung von Pyrophosphat werden nacheinander zwei Cytidylsäure- und ein Adenosinrest an die jeweils freie 3-Hydroxylgruppe angehängt.

Neben diesen Eigentümlichkeiten besitzt die Transfer- oder lösliche RNS eine gewisse Anzahl methylierter

Basen (s. Teil I, S. 137). Die Methylierung der löslichen RNS erfolgt zuletzt, nachdem die Polynucleotidkette fertig aufgebaut ist. Methyldonator ist S-Adenosylmethionin, die diese Reaktion katalysierenden Enzyme heißen RNS-Methylasen. Für jede der zu methylierenden Basen scheint es ein spezifisches Enzym zu geben.

5.2.7. Die Synthese der Desoxyribonucleinsäure

Die *identische Replikation* der DNS erfolgt durch die *DNS-Polymerase*, ein Enzym, das zuerst von Kornberg aus *Escherichia coli*, später auch aus anderen Quellen isoliert werden konnte. Die Voraussetzung für die Synthese ist die Anwesenheit der Triphosphate aller vier Desoxynucleoside, die in der DNS vorkommen. Außerdem muß ein Keim aus einsträngiger DNS vorhanden sein. Einsträngige DNS läßt sich aus zweisträngiger durch Erhitzen oder Behandeln mit Säuren oder Basen herstellen. In dem Virus *ΦX* 174 konnte eine einsträngige DNS nachgewiesen werden, die sich als ausgezeichneter Keim erwies. Das Enzym katalysiert den Aufbau eines zur Matrize komplementären antiparallelen (s. T. I, S. 139) DNS-Stranges.

Die Synthese läuft nach folgendem Schema ab:

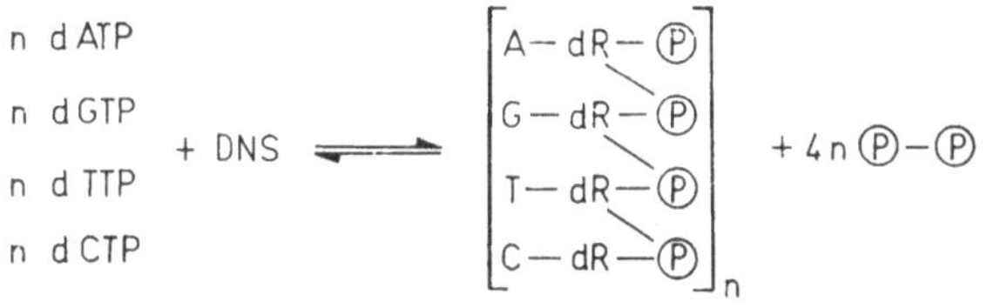

Das Syntheseprodukt ist zweisträngige DNS mit den gleichen chemischen und physikalisch-chemischen Eigenschaften wie die DNS aus natürlichen Quellen. In den beiden DNS-Fäden stehen sich Adenin und Thymin sowie Guanin und Cytosin gegenüber, wie es dem Modell von Watson und Crick entspricht (s. S. 139, Teil I).

Ein Beweis beruht auf der Häufigkeit des Einbaus der verwendeten Basen, ein anderer auf der Analyse der „nächsten Nachbarn", die im Folgenden beschrieben ist:

Bei den Polynucleotiden ist es im Gegensatz zu den Proteinen noch nicht möglich, eine genaue Sequenzanalyse durchzuführen; bei Verwendung von markiertem Phosphat lassen sich jedoch die nächsten Nachbarn einer Base ermitteln. Man markiert bei dieser Methode ein Nucleosidtriphosphat mit ^{32}P, während die anderen drei unmarkiert sind. Durch die Reaktion mit DNS-Polymerase bildet sich eine Brücke aus ^{32}P zwischen dem C-Atom 5 der Desoxyribose des markierten Nucleotids und dem C-Atom 3 der Desoxyribose des folgenden. Führt man anschließend die Hydrolyse so durch, daß 3-Nucleotide entstehen, so enthalten die nächsten Nachbarn markiertes Phosphat. Die de-novo-Synthese eines Primers aus den Triphosphaten konnte ebenfalls unter der Wirkung der DNS-Polymerase beobachtet werden, geht aber außerordentlich langsam vor sich. Es war auf diese Weise möglich, Polydesoxynucleotide herzustellen, die nur eine Basenart enthalten.

Die Synthese des neuen Desoxypolynucleotides vollzieht sich von dessen 5'- zum 3'-Ende. Etwa tausend Nucleotide werden von einem Enzymmolekül pro Minute miteinander verbunden. Nachdem KORNBERG eine Präparationsmethode in einem größeren Maßstab entwickelt hatte (aus 90 kg *E. coli* gewann er 600 mg reine DNS-Polymerase), konnten die physikochemischen Eigenschaften und die Wirkungsweise dieses Enzyms genauer studiert werden. Das Enzym besteht anscheinend aus einer einzigen Polypeptidkette, diese hat ein Molekulargewicht von 109000. Eine interessante Eigenschaft dieses Enzyms ist, daß es die zwei Mutterstränge der DNS, die entgegengesetzte Polarität haben, gleichzeitig repliziert und die Replikation dabei in beiden Fällen von 5' nach 3' erfolgt. Zur Erklärung dieses Phänomens hat KORNBERG für die *E.-coli*-Polymerase folgendes Modell vorgeschlagen (Abb. 19):

Im bakteriellen Chromosom, das in seiner intakten doppelsträngigen ringförmigen Struktur zur Replikation nicht befähigt ist, wird eine „Kerbe“ in einen der beiden Stränge „geschlagen“, indem eine Phosphodiesterbindung

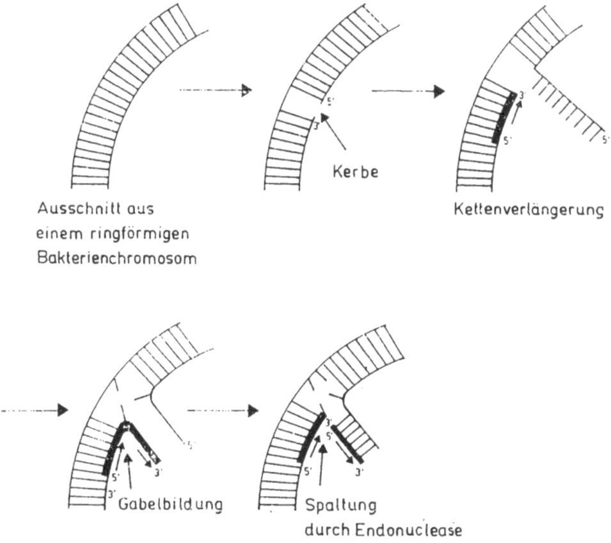

Abb. 19: Schema von 5′ nach 3′ der gerichteten Replikation von Doppel-DNS (nach Kornberg)

hydrolytisch gespalten wird und dabei an dieser Stelle eine freie 3′-OH-Gruppe und ein 5′-Phosphorsäureester entsteht. Dadurch entstehen „aktive“ Stellen für die Replikation. Die DNS-Polymerase wird an die „Kerbe“ gebunden, worauf die Verlängerung der Kette vom 3′-OH-Ende aus erfolgt. Nachdem die Replikation ein Stück vorangeschritten ist, wechselt sie zum komplementären Strang als Matrize über und bildet eine „Gabel“. Mittels einer Endonuclease wird die Gabel gespalten. Danach verlängert das Enzym diese beiden Spaltstücke an den beiden Muttersträngen entsprechend deren Spezifität gleichzeitig vom 5′ nach 3′, obwohl die beiden Mutterstränge entgegengesetzte Polarität besitzen.

Kornberg hat in überzeugenden Experimenten bewiesen, daß die DNS-Polymerase tatsächlich eine exakte fehlerfreie Kopie der DNS-Matrize mit identischen genetischen Eigenschaften liefert. Er stellte mit Hilfe dieses Enzyms die Kopie des einzelsträngigen, circulären Genoms des Phagen ΦX 174 her, trennte diese vom Mutterstrang ab und infizierte damit Sphäroplasten von *E. coli*. Der auf diese Weise gewonnene Minusstrang erwies sich als voll infektiös und veranlaßte *Coli*-Sphäroplasten, eine neue Generation von intakten, normalen Viruspartikeln zu bilden.

In eukaryotischen Zellen kommt die Hauptmenge der DNS-Polymerase im Zellkern vor. Mitochondrien enthalten jedoch eine eigene DNS-Polymerase, die die doppelsträngige circuläre mitochondriale DNS repliziert. Wie in Bakterien findet man in Mitochondrien auch eine Ligase, die die gebildeten Polynucleotidketten kovalent zu circulären Molekülen schließt.

5.2.8. Veränderung der Nucleinsäuren nach Infektion durch Bakteriophagen

Bei der *Infektion* von Bakterien durch *Phagen* kommt es nach wenigen Minuten zur Synthese von spezifischer RNS, spezifischen Proteinen und phagenspezifischer DNS. Zunächst findet die Bildung einer spezifischen Boten-RNS statt. Die ribosomale RNS bleibt unverändert und vereinigt sich mit der neuen Boten-RNS.

Die DNS von Bakteriophagen der T2-, T4- und T6-Reihe enthält *Hydroxymethylcytosin* (HMC) anstelle von Cytosin. An ca. 75% der HMC-Gruppen ist außerdem *Glucose* gebunden. Kurz nach der Infektion durch diese Phagen lassen sich einige neue Enzyme nachweisen, die die Bildung des *Triphosphats* des dHMC und den Abbau von dCTP gewährleisten. Es finden folgende Reaktionen statt:

1. Hydroxymethylierung von dCMP

$$\text{C—dR—Ⓟ} + \text{HCHO} \xrightarrow{FH_4} \text{HMC—dR—Ⓟ}$$

2. Phosphorylierung von HMC—dR—Ⓟ durch eine spezifische Kinase

$$\text{HMC—dR—Ⓟ} \rightarrow \text{HMC—dR—Ⓟ—Ⓟ} \rightarrow \text{HMC—dR—Ⓟ—Ⓟ—Ⓟ}$$

3. Spaltung von C—dR—Ⓟ—Ⓟ—Ⓟ durch eine Pyrophosphatase

$$\text{C—dR—Ⓟ—Ⓟ—Ⓟ} + H_2O \rightarrow \text{C—dR—Ⓟ} + \text{Ⓟ—Ⓟ}$$

(HMC: Hydroxymethylcytosin)

Durch die 3. Reaktion wird also gleichzeitig Substrat für die 1. Reaktion bereitgestellt.

Nach dem Einbau des HMC in die DNS bewirken spezifische Transferasen eine Übertragung von Glucosylresten auf die HMC-Gruppen

$$\text{UDP-Glucose} + \text{HMC—DNS} \rightarrow \text{UDP} + \text{Glucosyl—HMC—DNS}$$

Nach Infektion mit T6-Phagen konnte außerdem ein Enzym festgestellt werden, das Glucosylgruppen auf den ersten Glucosylrest überträgt

$$\text{UDP-Glucose} + \text{G—HMC—DNS} \rightarrow \text{UDP} + \text{G—G—HMC—DNS}$$

Der 2. Glucosylrest wird β-glykosidisch in 6-Stellung an den bereits vorhandenen Glucosylrest gebunden.

Sachverzeichnis

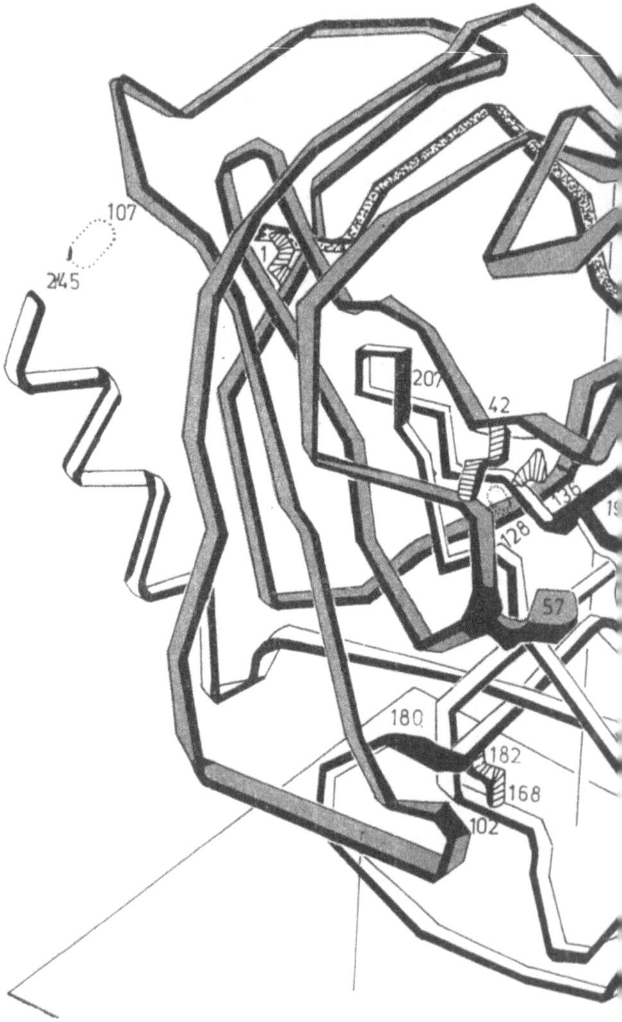
107
245
1
207
42
136
128
57
180
182
168
102

Tertiärstruktur von α-Chymotrypsin

Modell von α-Chymotrypsin aus Rinderpankreas nach MATTHEWS, B. W., SIGLER, P. B., HENDERSON, R., und BLOW, D. M.: Nature (London) **241**, (1967) 652

Die drei Polypeptidketten A (punktiert), B (grau) und C (weiß) sind nach dem Verlauf ihrer Peptidbindungen bandartig dargestellt. Die Zahlen geben die Positionen bestimmter Aminosäuren an. Lediglich für Ser 195 und His 57 sind die Seitenketten (Aminosäurereste) eingezeichnet.

A-Kette: Cys 1 (N-terminal) bis Leu 13 (C-terminal)
B-Kette: Ileu 16 (N-terminal) bis Tyr 146 (C-terminal)
C-Kette: Ala 149 (N-terminal) bis Asp 245 (C-terminal)

Die schraffierten Disulfidbindungen innerhalb einer Kette (Spangen) oder zwischen zwei Ketten (Brücken) haben den charakteristischen zick-zackförmigen Verlauf: Spangen 42 – 58, 168 – 182, 191 – 220 und Brücken 1 – 122, 136 – 201.
Durch punktierte Linien sind folgende Ionenbindungen eingekreist worden:

Ileu$^{\oplus}$ 16 – Asp$^{\ominus}$ 194, Glu$^{\ominus}$ 21 – Arg$^{\oplus}$ 154,
Asp$^{\ominus}$ 128 – Lys$^{\oplus}$ 203,
Asp$^{\ominus}$ 245 (α-Carboxylgruppe) – Lys$^{\oplus}$ 107.

Aus dem katalytischen Zentrum ragt der Tosylrest („SO_2“), mit dem das Ser 195 markiert ist, und die 3 Å davon entfernte Imidazolgruppe von His 57. Die schwarz ausgefüllten Abschnitte stellen katalytisch wichtige Bereiche dar: Ileu 16, His 57, Asp 102, Met 180, Gly 193 – Asp 194 – Ser 195 – Gly 196, Tyr 207.
Außer der Schleife I, die von den Aminosäuren 190 – 195 gebildet wird, ist auch die Schleife II der C-Kette für die Katalyse von Bedeutung (s. Text auf Seite 131 ff.).

Der Verfasser

- gibt in diesem III. Teil der „Dynamischen Biochemie“ einen Überblick über die allgemeingültigen Prinzipien des intermediären Stoffwechsels

- vermittelt gründliche Kenntnisse über die Vielfalt der Stoffwechselreaktionen der Kohlehydrate, Lipide, Eiweiße, Aminosäuren, Nukleinsäuren und Nukleotide

- bespricht einige spezielle Stoffwechselleistungen lebender Systeme, wie Photosynthese, Schwarz-Weiß- und Farbsehen, Synthese von Vitaminen, Stoffwechsel von Hormonen u. a.

- wendet sich an alle Naturwissenschaftler und Mediziner, an die Studierenden der Medizin, Biochemie, Biologie, Pharmazie und Landwirtschaft, sowie an Oberschullehrer

WISSENSCHAFTLICHE TASCHENBÜCHER

FSC
www.fsc.org
MIX
Papier | Fördert gute Waldnutzung
FSC® C083411

Zeitfracht Medien GmbH
Ferdinand-Jühlke-Straße 7
99095 Erfurt, Deutschland
produktsicherheit@kolibri360.de